幻想水族館

和田ゆりえ

萌書房

幻想水族館——目次

幻想水族館

イワシの軍隊

「魚」へんに「弱い」と書いて鰯（いわし）。大きな魚たちにひたすら貪り食われる弱い魚だから。あるいは、刃物を使わずに指で簡単にひらくことができる弱い肉の魚だから。漢和辞典で調べてみると、死にやすい、弱い魚であることからの当て字、と書いてある。

でも水族館の大水槽で群泳しているイワシたちは強い。とても強い。

一万匹を越える大群が、水槽いっぱいをぐるぐるまわる。一匹一匹が磨きぬかれた鋼の鎧をまとって、まんまるな目をむき出して、薄くたたきのばした金属細工の口をぱっかりあけて、一糸乱れずぐるぐるぐるぐる。イワシの兵隊たちの竜巻状大行進。見えない手でぎりぎりとゼンマイを力いっぱい巻きつづけられているみたいに、行進はいっときも止むことがない。それはなにかと戦うためではなくて、自分たちの強さを誇示するため、まな板の上では、指にほんのわずか力を入れただけでちぎれて、ぬるぬるした水っぽい内臓がはみ出してくるほど脆いからだが、ここ水のなかでは比類のない硬さと鋭利な輝きをわが

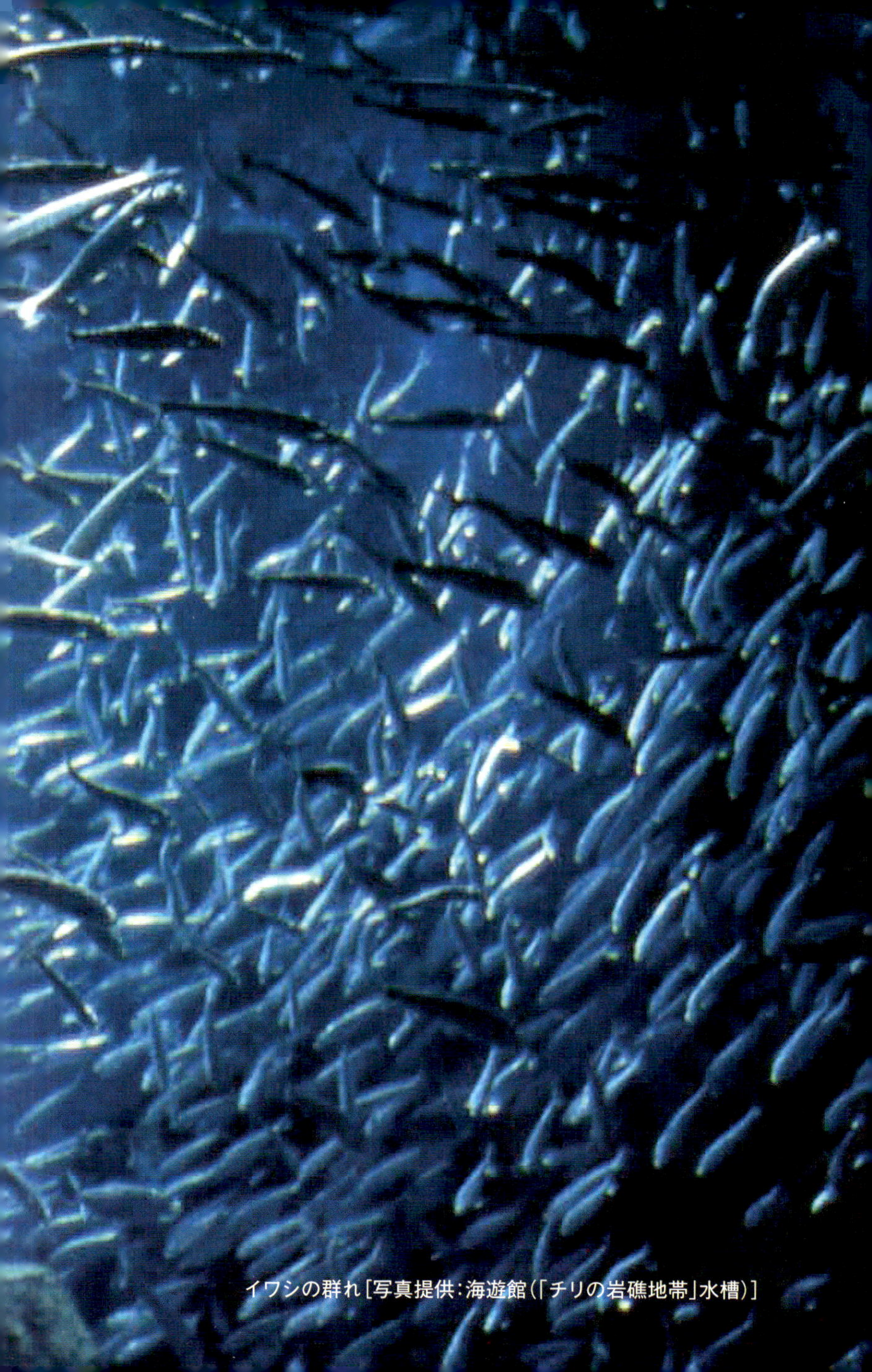

イワシの群れ［写真提供：海遊館（「チリの岩礁地帯」水槽）］

ものとしていることを、人間たちに知らしめるためだ。

すごい速度でまわりながらも、彼らはどこにも衝突しない。岩や水槽のガラスの直前まで くると、間一髪身をひるがえして方向転換する。葉叢が風を受けて輝く裏面を見せていくように、金属の流れは角度を変え、色を変える。銀は白銀へ、白銀は銀へと、一万回のきらりきらり、一万回のひらりひらり。そのたびに光が砕けなだれて、水槽全体がどっときらめき沸き立つ。

そんな息もつかせぬめまぐるしい水槽のなかを、じっと目を凝らしてみると、大渦巻のすきまを縫って、淡い金色の雪がいくつも舞っている。それはイワシたちから剝がれ落ちていった鱗だ。衝突しないとはいっても、雲霞のごとく密集して、身をすりつけあってまわりつづけるのだから、鱗はたえまなく剝がれ、はらはらと舞い落ちて水底に降りつもっていく。そしてときおりは、旋回のさなかにことぎれた魚たちが群れから脱落し、斜めにゆるやかな弧を描きながら、きらめく雪に混じってしずかに沈んでいく。死にやすい、弱い魚になって。

ウツボ

水族館でウツボを見たとき、あれ、この顔、どこかで見たことがある、と思ってしばらく考えて、ああ、ひいおばあちゃんだ、と気がついた。

ひいおばあちゃんの思い出はすこししかない。でもひいおばあちゃんのことは、お母さんからしょっちゅう聞かされていた。しっかり者で気がきつい人だったけれど、初孫のお母さんのことはとてもかわいがってくれたらしい。

お母さんが子供のころ遊びにいくと、ふだんは蔵の奥にしまいこんである脚付の塗りのお膳を出してきて、ご馳走をいっぱい並べてもてなしてくれたのよ。ちらし寿司とか白玉あんみつとか、子供の喜びそうなものをこぎれいにこしらえて、ひいおばあちゃんの作るものは、なんでもほんとにおいしかった。頭のいい人だったからね。頭のいい人はお料理もじょうずなのよ。

そんなふうに、お母さんはひいおばあちゃんのことをいつもほめて話した。ひいおばあちゃんは元気で長生きしたのだけれど、九十いくつで死ぬ前は寝たきりになって、しばらく病院にはいっていた。いちどだけお母さんに連れられて、電車に乗ってお見舞いに行ったことがある。ウツボはそのときのひいおばあちゃんの顔にそっくりだった。

ベッドに横たわったひいおばあちゃんは、年を取りすぎた以外はどこといって悪いところはないらしく、ビニールの管とか注射針とかにつながれているわけではなかった。でももう立ったりしゃべったりはできなくて、布団から顔だけを覗かせて、きょろんとしたまるい目でわたしたちを見た。眼鏡も入れ歯もはずしているせいか、顔は小さく縮かんで、わたしの記憶のなかのひいおばあちゃんとは別人だった。目や口のまわりはしわしわのひだに埋もれていたけれど、ほっぺたのへんはつるんとしたピンク色で、こまかい血管の網目模様がところどころ透けて、むきたてのイチジクの実みたいにみずみずしかった。

「ひいおばあちゃん」

と声をかけると、軽くうなずくように小さな頭をぐらぐらさせた。でもはっきり、だれ、とわかっているのではないらしかった。

「ほんとはわたしたちがお見舞いに来たこと、よろこんでくれてるのよ」

とお母さんが言ったのは、なんだか嘘っぽかった。

「おばあちゃん、お昼ごはんですよぉ」

看護婦さんが歌うように言いながらワゴンを押して病室にはいってきた。看護婦さんはベッドの脇のハンドルを操作してひいおばあちゃんの上体を起こし、小さなテーブルをセットして食事のトレイを置いた。そのあいだ、ひいおばあちゃんはおとなしくされるままになっていたけれど、寝巻きの襟から細い首をくっと前に突き出し、目を何度もぱちぱちさせて、トレイの上になにが載っているのかを熱心に確かめようとしていた。そこにはいくつかのまるいお碗のなかに、それぞれ色のちがうどろどろしたものがはいっていて、どれもこれも恐ろしくまずそうだった。看護婦さんは赤ちゃんがするみたいなエプロンをひいおばあちゃんの首にくくりつけると、

「せっかくだから、きょうは家族のかたに食べさしてもらおうね、おばあちゃん、よかったねえ」

とにこにこ笑って言い、さっさと出ていってしまった。

お母さんがお粥をスプーンでひとさじすくってひいおばあちゃんの口もとに近づけていくと、それまで鼻の下にくしゃくしゃっとたたまれて落ちくぼんでいた口が、かぱあーっとびっくりするぐらい大きくひらいた。しばらくもぐもぐ動かしてから呑みこむと、よれた縄みたいな喉が一瞬膨らんで、それからその膨らみがゆっくりと下降していった。ひいおばあちゃんはまた口をかぱあっとあけてつぎを催促した。それが何度も繰り返され、何

度繰り返されてもひいおばあちゃんの勢いはいっこうに衰えず、

「あれあれ、おばあちゃんたら、よっぽどおなかすいてたのねえ」

お母さんはあきれたように言い、忙しくスプーンを口もとに運びつづけた。ぽっかりあいた暗い穴のなかに、お粥やらかぼちゃのマッシュやら、白身魚のほぐしたのや、具のない茶碗蒸しやらが際限なくつぎつぎに吸いこまれていき、まるでふとんの下に隠れているひいおばあちゃんのからだは、掃除機のホースみたいな長いがらんどうの筒になって、地底世界へとつながっているみたいだった。

ひいおばあちゃんはあのあとじきに亡くなったのか、それともおなじ調子でしばらく生きていたのか、そのへんのことはよく覚えていない。ただ水槽のガラス越しに、穴あきブロックからにょろりと首を伸ばしているウツボの、ほとんど目と口だけの顔をまぢかに見たとき、いままでずっと忘れていたあの日のお見舞いの情景が、ふいにそっくり蘇ってきたのだった。

オコゼ

水槽を覗きこんだとき、なあんだ、空っぽ、とがっかりした。ところがしばらく眺めているうちに、ただの岩だと思っていたところから、ステレオグラムのように背びれやえらの輪郭がむくむく立ちあがってきた。岩の窪みに数匹のオコゼが重なりあって沈んでいたのだ。ひとつの形がはっきりすると、芋づる式につぎからつぎと、オコゼたちの世にも醜い顔が騙し絵のなかから浮かびあがってきた。

オコゼのからだはフジツボや微生物の屍骸、色とりどりの藻屑や苔などにびっしり覆い尽くされているように見える。だがそれは、じつはすべて彼らの皮膚組織が変形したものにほかならない。種を越え、動物と植物、さらには有機物と無機物の区別すら越えて岩になりきっているのだ。これほどみごとな自己放棄があるだろうか？

だが彼らはずるがしこい計算をはたらかせてもいる。顎の下に鈴なりにぶらさげている肉垂れを、小魚たちが水にそよぐ藻と勘違いして突つきにやってくるが早いか、それまで

オニオコゼ［写真提供：鳥羽水族館］

への字に結んで巧妙にカムフラージュしていた大口をぱっくりあけて、目にも止まらぬ早わざでひと呑みにしてしまうのだ。哀れな小魚たち、岩肌に嵌めこまれた一対の小さな目にさえ気づいていればよかったものを。

金の細い環に縁取られた艶消しのサファイヤのようなその目は、ボロの寄せ集めじみたオコゼの全身のなかで、たったひとつの美しい、それもこのうえなく美しい部分だ。淡い乳色の膠《にかわ》質の半球を通して、からだの奥深くで燃える青い燐光を透かし見せつつ、覗きこむ者をめくるめく虚無へと引きずりこまずにはいない。彼らが生と死の境界さえも無効にしてしまうほどに自己滅却の境地に至りついているのか、あるいは単に原初的な食欲の魔でしかないのか、その点はわたしたちにとって永遠に謎のままだろう。

カリフォルニアアシカ

　アシカたちはなめらかな岩のようなからだをくねらせながら、わたしの前を通り過ぎていく。つやつやした黒い毛皮を波打たせ、鼻面を進行方向に突き出して、つぎつぎ水槽の斜め下に消えては、端っこでくるりと宙返りし、彗星の軌道のような大きな楕円形を描いて、またわたしのところに戻ってくる。

　わたしは彼らの顔が犬そっくりなことに気づく。魔法にかけられ水槽に閉じこめられた犬たち。なかでもすこし小ぶりの一頭は、色こそ違え、子供のころ飼っていたビーグル犬のジャックに生き写しだ。

　わたしはつぎにその一頭が目の前にくるのを待ち構えて声をかける。

「ひさしぶりだね、ジャック、おまえ、こんなところにいたの」

　ジャックはいくぶん悲しそうにわたしを横目で見ると、あっというまに視界の外に消えていく。学校から帰るとまず犬小屋に抱きしめに行ったジャックの、濡れたような手触りや匂いがまざまざと蘇り、わたしは懐かしさでいっぱいになる。パン種みたいにやわらかな感触の長く垂れた耳や、わたしの膝にしゃにむに飛びついてきたがっしりした足や爪は溶けてしまい、水中で運動するのに適した姿に変わり果ててはいるものの、それはまぎれもなくジャックだ。

さらに注意深く観察すると、ほかにもわたしの見知った犬たちがいる。近所のおばあさんが飼っていて、最近行方不明になった雑種のコロ、それに友人の愛犬である黒ラブラドールのベッキーまで。

「コロ、おばあさんが心配してるよ、早く戻っておやり」

「ベッキー、ここでなにしてるの、うちに帰らなくていいの」

それでも彼らは聞こえているのかいないのか、飛び出しぎみの目をぎょろりとむいて、憑かれたように一心に、おなじ軌道運動を繰り返している。

ボール遊びが大好きで、わたしの姿を見るとボールをくわえていっさんに走り寄ってきた彼らは、せめてもの慰みにアシカショーに出演して、かつての特技を発揮することもあるのだろうか。あったとしても、わたしにはつらすぎてとても正視できないだろう。わたしは涙をこらえ、重い足取りで呪われた犬たちの水槽から遠ざかる。

カリフォルニアアシカ［写真提供：海遊館（「モンタレー湾」水槽）］

ギギ——歌う魚

子供のころ夏休みに田舎に帰ると、毎日川で遊んだものだった。弟や従兄弟たちは魚捕りに精を出した。魚を捕るといってもふだんは都会暮らしの小学生のことだから、やることなすことおぼつかない。そんなとき指南役を買って出るのがいちばん年上の従兄のタク兄ちゃんで、簗《やな》をどこに仕掛ければいいか、ハヤやドンコが淀みのどのあたりにいるのか、ことこまかに教えてくれた。タク兄ちゃんは大学受験に何度か失敗して浪人中だったが、あまり勉強しているようすはなく、たいていひまそうにぶらぶらしていた。あいつにも困ったもんだ、と親たちはよく嘆いていたが、万事遊びごとには通じているし、もの知りだし、ときどきはジュースやアイスキャンディーをおごってくれたりもするので、タク兄ちゃんはわたしたちにとってなくてはならない存在だった。

浅瀬の岩に隠れている小魚は、石を岩に思いきりぶつけて、衝撃に失神して腹を上に浮かびあがってくるところを、すばやく網ですくい取る。これは子供たちにもできるのだが、大きな魚になるとタク兄ちゃんの出番だった。タク兄ちゃんはズボンの裾をからげ、バケツをもった弟を従えて流れにはいっていき、腰を屈めて岩の下にそっと手をさぐり入れる。

「おっ、いたいた、一匹のんきに昼寝してやがる」

タク兄ちゃんはうれしそうに言うと、唇に人差し指を当てて静かにするよう皆に合図する。それから真剣な表情でしばらくじっとしていたかと思うと、

「おい、バケツ」

と弟にあごをしゃくってバケツをそばにもってこさせ、岩から腕を勢いよく抜いて、つかんでいた魚を放す。

「うわあ、でかい。これなんていう魚?」

皆がはしゃぐと、タク兄ちゃんは得意そうにいろいろ講釈をたれる。

「ギギだよ。こいつは背びれと胸びれのところに鋭いトゲをもってるからな、刺されるととびあがるくらい痛いんだ」

「タク兄ちゃんは刺されないの?」

「うまくつかまえるにはコツがあるんだ。眠ってるのを起こさないように、そおっと手のひらで包んで腹を撫でてやる。そしたら気持ちよがってじっとおとなしくしてるから、そこをさっとすくいあげればいいのさ」

「食べられるの?」

「おう、あっさりした白身で、煮付けにするとけっこううまい。井戸水にひと晩つけて泥を吐かしてから、おばあちゃんに料理させせよう」

そのあとタク兄ちゃんは木陰の岩の上に腰掛け、濡れた足をぶらぶらさせて乾かしながら、子供たちにいろいろ指図したり助言したりする。わたしはタク兄ちゃんのそばにすわってバケツの番をする。ギギは薄ねずみ色にところどころ褐色のぼんやりした斑を浮かべた地味な魚で、落ち着きなく泳ぎまわる小魚たちには目もくれず、髭の生えたしかつめらしい顔で、底のほうにじっとしている。

「ギギって、へんな名前ね」

「彩ちゃん、なんでギギっていうか知ってるか。この魚、ギーギーって音を立てて鳴くんだよ」

「へえ、ほんと? 魚が鳴いたりするんだ」

「正確には鳴くというより、胸びれのつけねの硬いトゲを、骨とこすりあわせて音を出すんだ」

「なんか、セミみたい。聞いてみたいな。いまは鳴かないの?」

「昼間は眠ってるから、たいてい夜だな、鳴くのは。セミというより、どっちかっていう

ギギ［写真提供：海遊館（「特別展示」）］

とスズムシかな」

「ふうん……きれいな音なのかな、スズムシみたいに」

「まあ、きれいとは言えないと思うが」

タク兄ちゃんはちょっと思案顔で言ってから、

「じゃあ彩ちゃん、今夜いっしょに聞いてみようか」

わたしの顔を覗きこみ、黒目がちの目でひたと見つめた。胸がすこしどきどきして、目をそらした。

そんな会話は覚えているのに、その晩、ギギの声を聞きに行った記憶はない。一日の終わりにはバケツは獲物でいっぱいになったけれど、それを料理してもらって食べたのかどうかも覚えていない。夜のあいだに弱って死んでしまったのか、それとも、お盆によけいな殺生をすることはまかりならん、とおばあちゃんに叱られて、だれかが川に放しにいったのかもしれなかった。どちらにしても、あれがわたしにとって子供時代最後の夏だった。

翌年タク兄ちゃんは東京の大学に合格して上京したのもつかのま、バイク事故であっけなく死んでしまい、お葬式には学校を休んでまで行かなくてもいいから、と親に言われて、わたしと弟は家で留守番をした。それ以来、夏休みの田舎は退屈なだけの場所になり、川遊びにも熱がはいらなくなった。

あれから五年の月日が過ぎ、わたしは音大志望の受験生になっている。

「声を出そうと力まないで、声は喉で出すんじゃない、声はきみのお腹の奥から生まれてきて、きみのからだを共鳴箱にして、空間いっぱいにひろがっていくんだ。まずからだを声で満たすことだ。ほら、ここ、ぼくが手を当ててる、ここに声を響かせてごらん」

そう言って先生はわたしのうしろに立ち、両脇から手を差し入れて、制服のブラウス越しに乳房の下あたりに当て、肋骨をたわめるように手のひらにぐっと力をこめる。わたしはひどく緊張して、なんとかそこに声を届けようと焦るのだけれど、ちっともうまくいかなくて、声は口からすかすか洩れてしまう。

「だめだよ、もっと力をぬかなくちゃ」

先生は手を放すと、こんどはわたしと向かいあい、わたしの手をとって自分のお臍のあたりに導き、上から大きな手で包むようにして密着させる。

「ほら、こんなぐあいに」

先生は息を吸いこみ、あーっ、あーっ、あーっ、とすばらしくよく響く声を断続的に出す。先生はいつも臙脂のコーデュロイのシャツとか、縄編み模様のだぼっとしたセーターとか、芸術家ふうというか、ちょっとふつうの大人とはちがう服装をしているのだけれど、それらの厚みのある生地を通して、しなやかに張りつめたお腹の筋肉が、声を出すたびにびりびりと強い電流に貫かれるようにふるえるのが伝わってきて、手のひらが強く吸いつけられる。

それから先生は、わたしの眉間のすこし上に人差し指の先を当てて、軽く押さえつける。

「じゃ、こんどはここをめがけて声を出してごらん、ここに、ぼくの指の当たってるところに穴があいて、そこから噴水みたいにきみの声がぱあっとひろがっていくところをイメージして。さあ、もういちど、リラックスしてやってみて」

先生の指は熱せられた金属のように重い。押された額の部分がやわらかくなり、指はバターのなかにめりこむようにいくらか沈みこんでいく。大きく息を吸いこんで、お腹の底から声を出してみると、息がからだのなかを垂直に、まるでぐにゃぐにゃ入り組んだ内臓も、ずっしりと重たい骨や筋肉もなにもない、がらんどうの筒のなかを吹きぬけるように上昇していくのが感じられ、それが熱い指の一点に集中すると、先生はすぽんと栓をぬくように指を離し、そこにあいた穴から声が放射状に立ち昇り、放物線を描きながらからだの周囲にゆっくりと降りてくる。

子供のころからずっと習わされていたピアノは、何年たってもたいしてうまくならなかったけれど、高校二年のとき、ソルフェージュの授業のあとでピアノの先生が、彩ちゃん、あんたとってもいい声してるのね、ピアノ科ははっきり言ってこのままじゃとても無理だけど、声楽ならけっこう遅くはじめてもだいじょうぶだから、いちどちゃんとした人に見てもらったらいい、と熱心に勧めてくれた。結局音大の講師でバリトン歌手をしているという自分の甥に紹介してくれて、たぶん三十代なかばくらいのその人の家に、ヴォイス・トレーニングのため週一回、放課後に通うことになった。

トレーニングというのは、まず体操みたいなことをしながらひとしきり息を吸ったり吐いたりして、それからすこしずつ声を出していき、先生がわたしのからだのいろんなところを手のひらでさわって、いちいち響きを確かめるのだ。先生は真剣そのもので、どこをさわっても全然いやらしい感じじゃなかったけれど、こうして時間をかけてすみずみまでほぐされていくのはとてもエロティックな経験で、レッスンが終わるころにはからだがすっかり熱くなってしまう。最後に奥さんが紅茶やお菓子をお盆に載せて運んできてくれるのが、なんだか恥ずかしくて、お茶もそこそこにあいさつして、肌のほてりを冷ましながら駅までの暗い住宅街を歩く。

ほめ殺し、ってああいうことなんだろうか、レッスンのたびに先生は、いいよ、いいよ、彩ちゃん、その調子、どんどんよくなってるよ、とほめてくれ、わたしは調子に乗ってどんどん上達した。ピアノでは一生懸命やってもだめだったのに、こんなにラクしていいいんだろうか、と申しわけないような気持ちになる。

「声をもっと細くして、もっともっと細く、真珠の玉に糸を通すように歌ってごらん。ばらばらだった玉が細い糸に貫かれて一列に並び、たがいに触れあってチンチンと澄んだ響きをたてるように。きみの息がその糸になるように。力むんじゃなくて、玉にあいた小さな穴を狙いすまして声を放つんだ。いったんうまく穴に通ったらしめたもの、あとはしぜんと真珠がつながって、すみずみまで響きの波をひろげていくからね」

先生はそんなふうに言う。先生のことばはいつも具体的でとてもわかりやすい。それまでてんでばらばらに動きまわっていた黒いオタマジャクシたちが、見えない声の糸に貫かれたとたん、きらきらした真珠飾りに変わり、それがいく連もいく連も空間をわたっていく、そのイメージはとってもきれいで、想像するだけでうっとりしてしまう。

歌うことが楽しくて、わたしは気がつくと夢のなかでも歌っている。夜の底に身を横たえて、自分で自分の声に聞き惚れながら。最初にシューベルトの「アヴェ・マリア」を歌い、つぎにメンデルスゾーンの「歌の翼に」を歌っていると、脇腹にだれかの手を感じて、ああ、先生がお腹にさわっている、と思う。先生の手はゆっくりとわたしのお腹を撫ではじめる。それがとても気持ちよくて、わたしの口から真珠がひと粒ぽろりとこぼれ出る。またひと粒ぽろり。真珠はつぎからつぎへと糸を引いて吐き出され、息継ぎのたびにいったんはとぎれても、新しい息とともにふたたびべつの糸を闇のなかに張りわたしていく。

気がつくと、いつのまにか先生はタク兄ちゃんになっている。タク兄ちゃんはあの夏の日のままに大人びた目をしてわたしを見つめながら、やさしく撫でつづける。わたしはふと、自分がギギになっているのかもしれない、と思う。ギギの鳴く声はきれいじゃないってタク兄ちゃんは言っていたけど、それはきっと、水の外にいる人間が聞くぶんにはギィギィと耳障りな鈍い音にしか聞こえないというだけで、水のなかにはいって、水を空気のように呼吸しながら聞いたなら、まるでちがって深く美しい響きを奏でるにちがいない。なぜっていまわたしの口からは、おびただしい真珠が湧き出ているのだから。

「タク兄ちゃん、どう、わたしの声、きれいでしょう、わたしがこんなにじょうずに歌うことができるって、知ってた？」

そんなふうに話しかけたいけれど、歌うのをやめるわけにはいかない。やめてしまうと、せっかくの真珠がぬるぬるした黒いオタマジャクシに逆戻りして、この場所が真っ暗な沼に変わってしまいそうだから。わたしたちは並んで横になり、真珠がいっせいにチンチンと澄んだ響きを立てながらあたりを満たし、闇をほのかな輝きで満たしていくのを見あげている。タク兄ちゃんは黙ったままゆっくりと手を動かしつづけ、ときどきお腹だけでなくて手をいろんな場所に伸ばしてくるので、くすぐったさに声はとぎれとぎれになったり、かすれてしまったりする。でもがまんしてわたしは歌いつづける。ウェルナーの「野ばら」がすんだら、シューベルトの「鱒」、さらにジルヒャーの「ローレライ」を歌う。それで先生に教わった曲がみんな尽きてしまって、また最初の「アヴェ・マリア」に戻る。こうして順ぐりにえんえんと繰り返す。朝がくるまでわたしの声はもつだろうか。でも、朝にきてほしいわけじゃない。朝日が射しそめれば、宙に張りわたされた無数の真珠はあっというまに色褪せてただの小石に変わり、いっせいに落下してふたりを水底深くに埋めてしまうだろう。だからいまこのときを、薄く薄く引き伸ばさなければならないのだ。わたしは深く息を吸い、できるだけゆっくりと歌わなければならず、できるだけ息を長もちさせるために、声を極限にまで細めなければならない。

キャットフィッシュ

《採集》

川だろうか、それとも沼なのだろうか。水面は布を敷きつめたようにびっしりと淡いみどり色の微生物に覆われていて、水は流れているようすはなく、ときおり同心円状の弧をいくつも重ねつつこまかな襞をひろげていくが、それは水面を渡る風のしわざでしかない。

一艘のカヌーがすべり入ると、うすみどりの敷物は舳先から音もなく左右に裂けていき、下から黒い水面が現われる。カヌーには上半身裸のふたりの男が乗っていて、男たちの肌は真昼なら逞しい樺色に照り映えるのだろうが、早朝とも夕暮れともつかない薄靄のなかではくすんだ土気色に見える。男たちは漕ぐというよりも、水底を探るように櫂を差し入れてそろそろとカヌーを進め、その背後には黒い航跡が生きもののようにうねりながら肥りひろがっていく。だがじきにみどり色の布が両側からゆっくりと押し寄せてきて黒い帯をまんなかで断ち切り、つづいてまたやわらかな三角形にちぎれて水のなかを漂っていたかと思うと、ふたたびたがいに引きあい、結びついてひろやかな敷物となり、こうしためまぐるしいような、胸苦しいほどに緩やかでもあるようなうすみどりと黒の裁断と癒合の戯れはいつ果てるともなくつづく。だがその原因をこしらえている男たちは、背後で展開されている現象にはまったく注意を払わず、両岸から等距離の地点、おそらくはこの沼の中央あたりに達すると漕ぐのをやめて、手馴れたようすで網を水に投げ入れる。

しばらくして網を引きあげるとずっしりと重く、男たちは嬉々として岸に漕ぎ戻り、中身を岩の上にぶちまける。人間の背丈を越えるほどの大きなものから、網の目にようやく引っかかる小さなものまで、色とりどりの輝く肌をした魚たちが、髭の生えた口もとを動かしていっせいに命乞いをする。自分たちはかつて残虐非道なスペイン人たちに滅ぼされた古代都市の住民だったのであり、創造神パチャカマックのご慈悲によりこのような姿に転生して今日まで生きながらえてきた、命を助けてくれたならばどのような願いでも叶えてあげよう、などといったことをぶつぶつと聞き取りにくい声で訴えるのだが、男たちはまるで耳を貸そうとはしない。いままでも漁のたびにその種のたわ言を何十遍となく聞かされて、いいかげんうんざりしているのだ。男たちは岸にカヌーをつけ、金に換えることのできる種類のものだけを注意深く選び出してびくに入れる。週にいちど白人の男が集落にやってきて、けっこうな値段で買い取っていき、それが彼らにとっては唯一の現金収入なのである。
残りの魚は食用だが、腐敗を防ぐため十把ひとからげに燻製にしてしまう。ひとりの男が岸辺に石を積み、もうひとりは山刀を手に林にはいって、枝や枯葉を集めてくる。即席にしつらえたかまどの上に木の枝を差しわたし、雑多な種類の魚たちを無造作に並べて火をつける。煙があがりはじめてからも、魚たちは最後の最後まで頭を網の上にもたげ、恨みがましげに嘆願するが、すぐに玉の汗を浮かべて黒ずみながら硬直していく。

《移動水族館》

ぼくが彼らを目にしたのは、遊園地の一角にある催し物会場においてだった。なぜいい年をしてひとりで遊園地へなど行ったかといえば、先日、新聞の勧誘員が入場券をむりやり置いていったからだった。ひと月でいいから、とその初老のくたびれきった男に哀願されて、つい契約してしまったのだ。親からの仕送りもこのところ滞りがちだし、ほんとうならとてもそんな余裕はなかったのだが、あたしも生活かかってますから、ここは助けると思って、と自分の息子くらいの年齢のぼくにいくども頭を下げる男の迫力に圧倒されて、じゃあひと月だけなら、と言ってしまったのだった。すると相手は一瞬きょとんとした表情で動きを止めたので、こいつ、はなっから期待してなかったな、と癪にさわったが、もう遅かった。男はすぐに顔をくしゃくしゃにして礼を言い、すりきれた茶色のセカンドバッグからチケットの束を出して、これ、あげるから、よかったら彼女と行って、と遊園地の券を二枚くれたのだった。

せっかく新聞を取ったのだから、まず求人欄を見てみることにした。びっしりと活字で埋まった見開き二面に、世間がまるごと凝縮されている。ぼくひとりがもぐりこめるわずかな隙間くらいあるかもしれない、との漠然とした希望を抱いて端から端まで字面を追っていくのだが、じきに紙面は厚い壁のように目の前にせりあがってきて、ぼくを押しひしごうとする。目の奥がずきずき痛みはじめ、動悸がして息も苦しくなってくるので、たまらずべつの面をめくってみた。どの面を見ても世間はすさまじい活気に満ちていて、連日のように赤ん坊をマンションの屋上から投げ落としたり、集団登校の子供たちの列に車で突っこんだり、病気の予防と称して何十万羽もの鶏を焼き殺したりしているかと思えば、いっぽうでは、ドブ川にメダカを戻そうとボランティアの清掃活動をつづけたり、わざわざ外国にまで出向いて行って井戸や地雷を掘ったりと、理解に苦しむほど善意に溢れた人々がいた。どちらにしてもぼくの居場所はなさそうだった。ぼくは溜め息をつき、新聞をたたんで置いた。こうして数日後には新聞はひろげられないまま部屋の隅に積みあげられていくばかりになった。
チケットのほうは、玄関の棚の上に置きっぱなしにしていた。一週間ほどたってからふと思い出して手に取ってみると、左右両側にミシン目があって、通常の入場券のほかに特別催し物会場の入館券がおまけについている。「アマゾンの不思議な魚たち」という見出しの下で、古代インカの彫刻のような銀色の魚が闇のなかに身をひるがえしていた。たぶん小規模の移動水族館がきているのだろう。水族館に最後に行ったのは中学の修学旅行だった。それだけが楽しかったのでよく覚えている。班ごとに分かれて館内をまわったのだが、ふざけて騒いでいる同級生たちをしり目に、ぼくひとりガラスに顔をこすりつけるようにして熱心に見た。小窓越しに精緻なつくりの冷たい生きものに対面したときのどきどきした気持ちをひさしぶりに思い出して、ぼくは出かけてみる気になった。

平日の昼間なので遊園地は閑散としていた。敷地の片隅にぽつんと建っている催し物会場は、ねずみ色と焦げ茶のトタンを貼りあわせただけの安っぽいつくりで、チケットに印刷されていたのとおなじ図柄の真新しい看板がかかっているのをべつにすれば、廃材置き場の倉庫みたいだった。なかにはいっても水族館らしいしつらえにはほど遠く、お化け屋敷なみの暗さのなかを、照明に照らされてうすみどりに輝いている小さな水槽が、むき出しのまま点々と奥につづいている。入場者は当然ながらひどく少ない。

　ぼくは最初の水槽を覗きこんでみた。だが魚の姿はどこにもなく、しょぼしょぼした水草が植わっているだけだ。なんだ、人をバカにして、といまいましく思ったつぎの瞬間、思わず声をあげそうになった。魚は泳いでいるのではなくて、底に沈んでいたのだ。それは体長十センチメートルほどの、灰色の地に青く光る斑紋を浮かべたおよそ魚らしくない珍妙な生きもので、ヒゲの生えた気難しそうな顔をこちらに向けて、岩の上に引っかかったまま微動だにしなかった。

　つぎの水槽では、ジャコウネコそっくりの尖った顔をした濃紫色の細長い魚が、岩の窪みに横たわっていた。おつぎは壜詰めにされた人間の胎児のように、皺だらけの桃色の顔で眠りこけている魚。目の前にはつぎつぎに奇妙きてれつな魚が出現し、その強烈な印象を十分消化できないでいるうちに、ぼくはなにかにせき立てられるようにつぎの水槽へとふらふら足を進めてしまう。コレクションの大半を占めているのは体長五センチから二十センチばかりのナマズの仲間たちだが、ぼくのもっていたナマズのイメージからはほど遠く、さまざまの色彩と紋様にいろどられている。彼らは一匹だけ、あるいは数匹で積み重なって水底に沈んでおり、しばしば擬態によって岩や朽ち木と区別がつかないため、新たな水槽を覗くときには騙し絵を読み解く要領で、じっと目を凝らして探さなければならない。たまに水中をひらひらと浮遊しているものもいたが、それも泳いでいるのではなく、水草の葉に擬態しつつポンプの作り出す水流に身をまかせて漂っているだけだった。

動物園では激しい動きをみせる動物ほど人気を博し、ぐったりと横たわっているだけの怠惰な動物は不興を買うものだが、ここでは逆に彼らはその不動性によってぼくを魅了するのだった。彼らの不動性は陸上の動物たちとは比較にならないほど徹底していた。生きている証拠にえらの動きをとらえようとしても、そもそもどこにえらがあるのかよくわからなかった。鳥と並んで自由な種族である彼ら、自由の代償に翼という奇形を引き受けねばならなかった鳥と較べれば、形態的には各段にすぐれているはずの彼らが、その特権を惜しげもなく放棄していた。

水槽と水槽のあいだにはところどころ、アマゾンの密林の雰囲気を醸すべく、棕櫚やゴムの木の鉢植えが置いてあった。ホールの隅の暗がりにはちょっとした椰子の植えこみまであったが、触ってみるとぺらぺらのビニールと針金でできた贋物だった。つぎのホールにつづく短い渡り廊下には、日の下で見ればひどくちゃちなつくりにちがいない木舟や丸木橋、原住民の仮面や盾などの模造品が雑然と並んでいる。暗がりに慣れた目であらためて見ると、水槽や照明設備などもお粗末で、むき出しに束ねられたコードが無造作に水槽の背後に投げ出されたりしている。すべてが子供の学園祭なみの投げやりな急ごしらえで、ただ魚たちだけが一列に並んだ四角い水の箱のなかで、暗色の宝石のような底光りを放っている。ぼくはホールの中央付近で、チケットと看板に描かれていた銀の魚を見つけたが、それは予想を裏切ってぼくの親指くらいの大きさしかなかった。だがその金属光沢を帯びた皮膚組織は、インカの王族が身にまとっていた鎖帷子《かたびら》とまごうほどに精緻をきわめていた。

水槽についているプレートによれば、これらのナマズの仲間たちは英語でキャットフィッシュと呼ばれている。ナマズ特有のヒゲが猫のそれと似ているかららしいが、ヒゲだけにとどまらず、彼らの多くは猫科の猛獣たちとおなじ紋様、つまり金と黒のぶちや縞模様をもっていたし、なかにはかすかな水流につれて黒豹そっくりの毛皮を電気を帯びたように金緑色に波打たせている者もいた。さらには茶褐色の丸い扁平な頭部に先細の胴部が接続した「バンジョーキャット」や、黄土色に黒い縦縞模様の、へらのように鼻のひしゃげた「タイガーシャベルノーズキャット」などがいた。彼らを前にした分類学者たちは当惑のあげく、造物主の手のこんだ冗談に対しては、おなじく冗談で応答するしかないと判断して、そのような名をつけたのだろう。彼らの形態はあらゆる分類法を無効にしていた。無機物と有機物、植物と動物といった区別は捨象され、まるででたらめな結びつきによって、その姿のうちに種々雑多なものが強引に圧縮、接合されていた。ちょうど夢の結節点

タイガーシャベルノーズ・キャットフィッシュ［写真提供：海遊館（「エクアドル熱帯雨林」水槽）］

のように、彼らは複数の次元で別の存在と深く共鳴しあい、生まれてから死ぬまで澱んだ水と植物の堆積のなかでひっそりと生きながら、同時に空間を超えて自在にさまざまの境界を往還しているのだ。唯一彼らが個別の生きた魚であることをひかえめに表明しているのはその目なのだが、それさえも器官としてはすっかり退化して微細なビーズ玉のようになり、半透明の冷たい肉の下になかば埋もれていた。

ぼくは出口付近で一匹だけ、他とは対照的に猥りがわしいほどに生命力に溢れた魚に出会った。黒ずんだ肌に濃褐色の斑点を散らした三十センチほどのナマズで、からだは棒切れのように硬直しているものの、丸い大きな口をガラスにぺったりと貼りつけて、見物人に向かって肉感的な接吻を執拗に繰り返している。おそらく平たい岩などに吸いついて苔や微生物を食べる習性なのだろう。正面から見ると、口腔内の真珠色の肉は大輪の花そっくりで、内部に同心円状にならんだ絨毛組織が呼吸のたびに中心に向かっていっせいにそよいでいる。ガラス越しにその白い肉の花びらを指でそっとなぞりながら、ぼくは彼の(彼女の?)メッセージを解読しようと試みた。彼(女)は死とまごう深い無関心のうちに閉じこもっている仲間たちのところから、ぼくの数ミリメートルそばにまでやってきて、なにごとかを懸命に伝えようとしているのだ。だが残念ながら両者を隔てるわずかな距離のせいでぼくたちが理解しあうことはかなわず、それがはたして一種の求愛なのか、それとも人間たちへの激しい呪詛であるのか、さだかではなかった。

うちに帰ってからもあれらの魚たちのことが頭から離れず、ぼくはインターネットで彼らについていろいろ検索したり、以前読んだ古代アメリカ文明についての本を引っぱり出してみたりした。その結果いくつかの興味深い真実があきらかになってきた。

かつてアマゾン流域からアンデス高地にかけてのひろい範囲に、ジャガー崇拝と呼ばれる原始的な宗教が分布していた。そのあたりから出土した像や装身具のなかには、ジャガーやピューマなど当地の大型の猫をかたどったものがたくさんある。もちろん西洋的な写実ではなく、写真で見る限り、半人半ジャガー像だったり、顔が猫でからだがカタツムリだったり、たてがみの先端が蛇になっていたりと、およそ奇妙きてれつな化け物としかいいようのないものばかりだ。黄金製のものはスペイン人たちによって煮溶かされて延べ棒に変えられ、残りの多くも悪魔の偶像として破壊されてしまったらしい。

だがあの時代、人間は他の動物と同様自然と不可分の存在だったのだから、こうした出土品に見られる野放図なキメラ化現象は、白人が考えたようにインディオたちの悪魔性に起因しているのではなく、あの土地の森羅万象に満ちていた真理の一端を表現したものなのだ。その証拠にぼくはたまたま手もとにあった子供向け学習図鑑で、密林に棲む昆虫の多くにジャガーとおなじ金と黒の斑点が刻印されているのを確認したし、またある種のカミキリムシの鞘翅には、あかがね色に輝くジャガーの顔がくっきりと浮かび出ている。さらには、あのあたりの沼地には豹柄の（正確にはジャガー柄の）カエルまで棲んでいるのだ。ではジャガーこそはあの土地の神だったのだろうか。

そう結論づけるのはあまりに短絡的だろう。密林は、あらゆるものの照応、交感、融合を驚くべき密度と凝集力で具現している場所であり、そこでは天が地の写しであり、魚が獣の写しであり、すべての細部が細部であると同時に全体であり、植物の葉と獣皮、石の結晶や蝶の羽の紋様にいたるまでがひとしいパターンに貫かれている。むしろ、そこに遍在しているある絶対的な力（むろんお望みならそれを神と呼んでもいい）によって、最大の肉食獣であるジャガーの形態および色彩が優先的に選択された、と考えるべきだろう。したがって擬態とぼくたちが呼んでいる現象にしても、外敵から身を守るとか捕食を容易にするといった合目的性のみで説明のつくことがらではなく、万華鏡のようにすべてがすべてを映しあっている世界の必然的な存在様式にほかならない。

ぼくがいま生きている世界でもおなじように、（新聞の求人欄に象徴されるように）無数の細部が錯綜してぎっちりとひしめきあっていた。だがすべては逆のベクトルを指していた。そこには美しいものなどなにひとつなかったし、いたるところ喧騒と、目を覆いたくなるようなあさましい我欲に満ち満ちていた。そしていっぽうには神の手になるタピストリーのごとき、ひとたびそこに織りこまれるや、目を見ひらいたまま恍惚として眠りに落ちるしかない世界が、ぼくの前に蠱惑的な入口を垣間見せていた。どちらがどちらの陰画であるかはともかく、ふたつの世界はまさしく裏返しの関係にあった。地理的にもそれらは惑星の対蹠点に位置していた。ぼくは偶然の助けを借りて、さびれた遊園地のみすぼらしい移動水族館の暗がりで、その地点へのひそかな抜け道を発見したのだ。さいわいチケットはもう一枚残っているのだから、あすは早起きして遊園地の開園と同時に入館しよう、そう考えてぼくはひさしぶりに早い時間に床につくことにした。

昔から親に、感じやすい子供だ、とよく言われていた。楽しみにしていた行事の前に熱を出してしまったり、期待しすぎたせいでひどい幻滅を味わったり、といった繰り返しに疲れて、以後はつとめて感情を高ぶらせないように生きてきたつもりだった。こんなふうになにかをわくわくして待つ、というのはずいぶんひさしぶりのことで、ぼくはその新鮮さを楽しむ心の余裕を感じ、あたりまえのことだが自分も人間的に成熟したのだ、と考えて満足した。あとから考えてみると、こうした気分の昂揚自体、すでにぼくが彼らに、正確に言えば彼らの神に取り憑かれていたことの証拠だったのだろう。そうはいうものの、内心では彼らの美しさが一晩のうちに色褪せ、粗末な水槽に飼い殺しにされた雑魚にすぎなくなってしまうことをなによりも恐れていた。ぼくはかなりの不安と緊張を抱えて眠りにつき、翌朝遊園地のゲートを足ばやに通りぬけると、まっすぐに彼らの眠っている暗い森をめざした。

すべては杞憂にすぎなかった。たちまちぼくは、前夜見た夢が切れ目なく翌日の夢へと接続していくときのような、ここちよい眩暈に引き入れられていった。まぶたによって眠りと覚醒を区切るすべのない彼らにとって、きのうときょうの境界など存在しない。彼らはあいかわらず水底にしずかに横たわってつつましい輝きを放っていた。ぼくは胸がいっぱいになるのを感じた。いまから数百年前、長い危険な航海ののちに未開の密林に分け入り、土色の肌にジャガーの紋様を染めつけた獣のような人間たちに福音を届けるべく、むなしく奮闘した宣教師たちがいたことをぼくは知っている。その男たちとはちょうど逆の行程をたどって、いま彼らはぼくのためにはるばるここにやってきてくれたのだ。厚さ数ミリのガラス越しに、きらびやかな世界の断片を、文字通り身をもって見せてくれるために。

昨日以上に人はまばらで、ひまをもてあました陰鬱な老人が数人と、軽薄でがさつなカップルがひと組いただけだったが、あきらかに彼らの献身に値するような人種ではなかった。ではこのぼくはどうなのだろう。ぼくは彼らの神の聖痕を受けたと自負してもよいのだろうか？　だが、まだなにかが足りなかった。ぼくたちを決定的に隔てているものがあって、ガラスはその象徴だった。彼らの世界への憧れに胸を締めつけられながらも、どうすればそこにリンクできるのか、ぼくにはわからないのだ。例の接吻魚はその方法についての秘策をぼくに伝授しようと、きょうもガラスの向こうからしきりと訴えかけていた。ぼくはいまや確信していた。彼(女)はぼくを憎んでいるのではない、それどころかぼくを迎え入れることを熱狂的に望んでいる。そしてぼく自身も、そのまどろむような白い肉の渦巻きのなかへ、どこまでも落ちていきたいと願っているのだ。

家に帰ってすこし頭を冷やすと、自分が肝心のところで思いちがいをしていたことに気づいた。つまり、彼らが夜行性だということである。館内の暗さがぼくに錯覚を起こさせ、彼らをひたすら眠りつづける魚のように感じさせていたのだが、考えてみればあれは水槽の照明をきわだたせるための贋の夜にすぎず、彼らは入れ子になった小さな四角い昼のなかで眠りこけていたのだ。故郷でも彼らは、ジグソーパズルの一片のように嵌めこまれていた風景が夜の闇に溶け去ると、たちまち呪縛を解かれて、活発に餌を探したり縄張り争いをしたり、求愛のダンスをしたりしているにちがいない。彼らだけでなく、密林に棲むほとんどの生き物は夜間に活動する。動物園のジャガーにしても、木の梢に寝そべって大きなぬいぐるみのような愛くるしさを見せているのは昼間だけのことで、金と黒の紋様が闇にまぎれるや、狂暴な獣に変身する。さらに闇はすべてのものを溶かす溶媒でありながら、夢という、暗がりに明るく輝いていたあれらの水槽のような小さな昼を無数に胚胎することができるのだ。ぼくたちはふだん夢を最も個人的で隠微なものとみなしているが、もしもそれが闇を通してあらゆる存在にひらかれているのだとしたら、昼間とは別のしかたで彼らと交流することも可能なのではないか。

その夜ぼくは彼らの夢を見た。ぼくはほの暗い洞窟のなかを歩いていた。彼らはところどころ足もとの岩蔭に隠れていたり、傍らをゆっくりとすりぬけていったりした。ここが水のなかであることをぼくはなんの驚きもなく、むしろ深い安堵とともに納得した。彼らは昼間よりもはるかに大きく、その青や金に輝く肌で周囲の暗がりをランタンのように照らしてぼくの歩みを助けてくれた。洞窟はいくつもの通路が枝分かれしてはふたたび連結されるといったかなり複雑な構造になっていて、壁の横手から突然ひと群れの魚が現われて目の前をよぎっては、前方でついと姿を消してしまったりした。それは自然の洞窟というよりむしろ、人を迷わせる目的でつくられた建造物の内部を思わせた。天変地異によって水没してしまったなにかの遺跡かもしれなかった。

ぼくはいつのまにか狭い回廊をぬけてひろい部屋にはいっていった。どこか懐かしいような、それでいて妙に胸騒ぎを掻き立てる場所だ。暗いなかに四角い机の影がいくつもきちんと並んでいるのがぼんやり見え、ぼくはここが教室であり、いままでさまよっていたのが小学校の校舎だったことに気づいた。ぼくが通っていたころとはかなりさま変わりしている気もするが、たぶん夜だからなのだろう。小学校には悪い思い出はない。あのころは数は少ないけれど友だちもいたし、毎日が楽しかった。友だちと夜の学校を探検する計画を立てたのを覚えている。いまのように小学校で凶悪な事件など起きなかったし、校舎の戸締りもそれほど厳重ではなかった。あのときは、計画通り首尾よく忍びこんだのだったろうか、それともひょっとして、いまがそうなのだろうか。

夜の教室は昼間とはまるでちがっている。すべては青黒い闇に溶け、おぼろな影になってかすかに揺らめいている。同時になにか不穏な気配がたちこめているのをぼくは感じる。教室前方の、教卓や棚や衝立がごちゃごちゃと重なりあっているあたりから、それは強烈に伝わってくる。一瞬緑色に光る一対の目が見えた気もする。夜間にだれかが校舎内で動物を放し飼いにしている、という噂は以前からあった。ジャガーにちがいない。ぼくはいそいで外に出ると、ふるえる手で重い木の引き戸を力いっぱい閉め、狭く入り組んだ廊下へと逃れていく。

行き当たりばったりに歩きつづけるうちに、こんどは講堂らしい大きな空間に出る。なにかの集会が催されているのか、あたりはざわめきに満ち、色とりどりの光が明滅している。光っているのは魚たちだ。彼らは飛躍的にその数を増し、ぼくの周囲をきらめく縞を波打たせながらゆっくり旋回していたり、遠くのほうで群れをなしてちらちらと蛍のようにまたたいていたりもする。この空間はどこまでもひろがっているのか、それとも合わせ鏡の構造になって無限の反映を繰り返しているだけなのか、ぼくにはよくわからない。とにかくここは、講堂であると同時に彼らの棲む沼であり、あるいはおなじことなのだが、ぼくの夜そのものでもあって、彼らは特別な経路をへてここに移住してきたのだ。そうと知ってぼくはこのうえない幸福感に満たされる。これでもうわざわざ遊園地にまで彼らに会いにいく必要はなくなった。いくつもの夜を溶かしこんだ闇が絹繻子《しゅす》のようなやわらかさと重みでぼくの瞼を覆い、ぼくは思わず目を閉じるが、そのあらたな闇のなかでなお、ぼうと光を放つ彼らの姿が見える。

金魚の恋

　夫に愛人ができたらしい。このところずっと夜中に書斎にこもって、ひそひそ声で電話している。最初に気づいたのはひと月ほど前だ。深夜ふと目覚めると、からだが身動きできないほど重かった。しばらく暗闇のなかでぼんやりしているうちに、寝室と夫の書斎を隔てる壁から断続的に洩れてくる、囁きともつぶやきともつかない低くくぐもった声が、濡れた網のようにわたしを搦め取っていたのだとわかった。以来声はほとんど毎晩聞こえるようになって、わたしは熟睡することができない。いったん眠りに落ちても、夜更けの夢にまぎれて忍びこみ、一時間以上、場合によっては明け方近くまでつづいて、眠りのやわらかい部分を喰い荒らし、神経のささくれた網目だけを残していく。もういちど眠ろうとしても、声はむりやり侵入してきて、夜中に目覚めてそれを聞いているのか、夢が声をいくえにも輻輳させ再生しつづけているのか、さだかでなくなってしまう。

　もちろんそれは聞き慣れた夫の声なのだし、じっと耳を澄ませてみたところで、たいして意味をなさないあいづちの繰り返しでしかない。だがその低い単調な声は、声と声のすきまを埋めているはずのもうひとつの声、わたしには声の不在としてしか届かない、あいづちの間合いの長さからしてはるかに饒舌な、受話器の向こうの若い女の声へと反転していく。幻の声がとぎれることなく流れるあいだ、一定の間隔を置いてリズミックに追いすがっていく夫のくぐもった息づかいは、昼間の彼の気配のなさとは対照的にひどくなまなましい。彼らのやりとりがわたしの知る限りではあからさまに性的なものへと発展したことはなかったにもかかわらず、それはからだを螺旋状に巻きつけあいながら水面すれすれに迷走する金魚たちの交尾――ただしスローモーション画像のように引き伸ばされ、微分化された、緩やかでかつ執拗な交尾――を連想させる。

子供のころ、家の庭先の小さな池で金魚を飼っていた。春になって水がぬるんでくると、ある日突然それははじまった。一匹が落ち着きを失って池をぐるぐるまわり出すと、たちまちその熱が池全体に伝播していくのだ。いち早く異変に気づいた父は、床几《しょうぎ》をもち出して池のはたに陣どり、わたしと弟を呼びつける。

「ほら、あのいちばん速いスピードで泳いでるやつ、あいつがここのボスなんだ」

父は一匹の和金を指さして、そう宣言する。

「ああやって、ほかのオスを追い散らそうとしてるんだ。どけどけ、ここにいる女は全部おれのもんだ、ってな」

弟は池のはたに膝をついて、身を乗り出し、興味しんしん池を覗きこむ。

「こっちのは、お腹が膨れてるからきっとメスだね」

「そうだ、脂の乗ったいい女だ、そうら、オスが追っかけはじめるぞ」

「メスは逃げてくよ、ああ、ぶつかった、ななめになってる、苦しそうに泳いでる、メスは苦しいんだね、きっと」

「苦しいもんか、逃げるふりして、じつは尾っぽをふってオスを呼んでるんだ。早く、早く、こっち、こっちよって」

おどけてみせる父に、弟がうわずった声で笑いかける。うちではふだん性的な話題はタブーで、テレビでちょっとでも艶っぽいシーンが出てきそうになっただけで、あわててチャンネルを変えてしまうというふうだのに、このときだけは父はひどくはしゃいで、露骨なことばで金魚たちをはやし立てる。

わたしはこんなもの見たくない。でもその場を立ち去ることはできなくて、しゃがんで水面をぼんやり見てる。覗きこんだわたしの顔を水の暗い鏡が映し、そこを切れ味の悪いナイフのように金魚の背びれがギザギザに切り裂いていく。すぐ目の前で二匹が水しぶきをあげてもつれあう。どちらもひどく苦しそうで、口をせわしなくひらいたり閉じたりして、ひれを痙攣させ、銀色に光る腹をのたうたせて、いまにも死んでいこうとしているみたいだ。なぜこんなに大騒ぎしなくちゃいけないんだろう、メスはなぜ水草の蔭に隠れてひとりしずかに卵を産もうとしないんだろう、そう不思議に思うけれど、お父さんに聞ける雰囲気じゃない。

となりで弟がつばを呑みこむゴクリという音がする。するとわたしの口のなかにもつばが急に溜まりはじめ、喉のあたりがひどくこわばってきて、大きな音を立てないと呑みこめそうにない。池のはたに敷き詰めた鉄平石のざらざらした表面が膝頭にくいこみ、冷たさがからだの芯に滲み通ってくる。それにひきかえ、池の水はいまにもぐらぐら沸き立ちそうだ。ふだん真上から見ているときにはほっそりしている金魚のからだは、いまこうして横ざまに水面にせりあがってくると、胸が悪くなるくらいいやらしく幅広に肥っている。メスの腹はいびつに膨らんで、尾びれの付け根近くでがくんとくびれている。そのへんにある小さな穴から、ふだんはよく葡萄色がかった灰色の、ぬるぬるしたひものようなフンを引きずっているのだけれど、いまはちがう。じきにそこから噴煙のように卵がほとばしり出て、うすみどりに濁った水面をまたたくまに金色の粒々で埋め尽くしてしまうだろう。

けっして直接には肌を交じえることのない、激しくも禁欲的な愛のラプソディーが、夢の池をぐるぐる攪拌する。わたしはどうすることもできなくて、息を詰めてただ見てる。

見ないですむにはどうしたらいいのか、わたしにはわからない。たぶん自分も池に身を躍らせて、ぴちぴちと尾をふって狂騒の渦に加わればいいのだろう。でもそんなこと、わたしにはできっこない。息ができなくなって、溺れてしまうのが関の山だ。わたしは池の縁に手をつき、頭を水に突っこまんばかりに身を屈めて、そこに繰りひろげられている光景を、口に唾液をいっぱい溜めこんで見つめつづける。

グッピー――ペニスをもつ魚

　彼女はパーティーでちょっといい男と知り合いになる。

「どんなお仕事をなさってるんですか」

「ＩＴ関係の会社を友人と共同でやっているんです。業績が順調なのはいいんですが、忙しすぎるのが欠点ですね。なかなか女性と出会うチャンスもないし」

　男はそう言って名刺をくれ、さりげなく彼女の連絡先を尋ねてくる。

　その後ふたりは会うようになり、いっしょに食事をしたりコンサートに行ったりする。

　何度めかのデートのとき、フレンチレストランでミニチュアのお城みたいなデザートを食べている最中に、男が言い出す。

「ぼくのマンション、ここからわりと近いんだけど、このあとちょっと寄ってみませんか」

　えっ、と彼女が顔を上げると、男はすこし恥ずかしそうにつけくわえる。

「じつはきみにぜひ見せたいものがあって」

きたきた、彼女は内心ほくそ笑む。彼が勘定をすませているあいだにトイレに行き、携帯用歯ブラシで手ばやく歯を磨いてから、口紅とリップグロスを引き直す。

予想にたがわず高級な高層マンションだ。

「すばらしい夜景ですね」

彼女はひろびろとしたリビングの窓辺に寄り、うっとりして言う。

「わたしに見てほしかったものって、これなんでしょう」

「ちがいますよ、こっちを見て」

ふくみ笑いとともに、部屋の照明が消える。思ったより早い展開にとまどいつつも、彼女は熱っぽくうるんだ目でふり返る。すると部屋の隅に横一メートルほどの水槽が、闇のなかに幻想的に浮かびあがっている。明るい薄緑色の水のなかを、きらきらした極彩色の金属の箔のようなものがいくつも舞っているのが見える。

「あら、すてき、なんてきれいなんでしょう」

彼女は大げさに感心してみせるが、正直なところ魚はあまり好きではない。近づいていくと、それらはすべて、派手な尾びれをぶらさげたグッピーだ。

「ぼくのコレクションはちょっとすごいんです。まあ、坐ってゆっくり見てください」

彼の勧めたソファに腰掛けると、いやでも水槽が目の前にくる。それからえんえんと講釈がはじまる。

「いちばん最近手に入れたのは、この種類です。ブラック・ピーコックといって、孔雀の羽みたいな光沢のある緑色の発色が強いほど高価なんですよ。黒と緑と赤のモザイクがゴージャスでしょう。一匹二万円しましたよ。……これはギャラクシー・レオパード、全身が銀ラメの豹柄です。で、この青と銀の水玉模様が、アクアマリン・ブルーグラス。金とクリーム色のがゴールデン・プラチナ・エルドラド。……ね、名前を聞いてるだけで楽しくなってくるでしょう。あ、いま横切っていったのがモスクワ・フルレッドです。こういうシンプルな赤一色のやつでも、色合いによってはびっくりするくらい高価なんですよ」

「グッピーって、たしか胎生魚ですよね」

彼女はなんとか話を合わせようと、記憶の底を引っかきまわす。

「雌のおなかから、卵じゃなくて小魚が生まれてくるんでしょう。この水槽でも生まれるんですか」

「ぼくはブリーダーじゃありません」

とたんに彼は不快そうに眉をひそめる。

「ブリーディングにはまってる愛好者も多いけど、ぼくはちがいます。たしかにグッピーは掛け合わせによっていろいろと模様が出ますからね。ときには突然変異的にまったく新しいものが出たりもするし、それはそれでおもしろいというのはわかりますけど、ぼくのばあいはあくまで個人的に、生きた宝石箱のように、この水槽を愛でているというかな、とにかく純粋に美的な喜びなんです」

「ああ、そういうの、わかります。わたしもきれいなものが大好きですから。それにあなたって、芸術家肌って感じですものね」

彼女はいそいで言うが、自分の口調にうまく熱意をこめられたかどうか自信がない。だが彼はすぐに機嫌を直してにっこりする。

「まあたしかに、仕事では満たすことができない部分を彼らが埋めてくれる、というのはありますね」

それからしばらくふたりは黙って目の前のけばけばしい宝石箱に眺め入る。彼が言う。

「あのね、ここに来た人にはいつも、どの模様のがいちばん気に入ったか聞くことにしてるんですよ。ぼくなりの一種の性格判断というか、またそれが意外に当たってるんだなあ。きみはどれ?」

彼女は水槽を覗きこみ、グッピーの模様を慎重に見較べる。だが見れば見るほど複雑に入り組んだ色彩とまだら模様に眩惑されて、目がちかちかしはじめる。

「ええっと、みんなきれいだから、迷っちゃう……そうね、強いていえばこれかしら」

彼女は行き当たりばったりに、水色の陶製のパゴダの周囲を泳いでいる金と青紫の縞のを指さしてみせる。

「ああ、プラチナ・アクアマリン・アイボリー・モザイク」

彼はひとつひとつの単語の響きを舌先で味わうように、ごくゆっくりと発音する。

「やっぱりぼくのカン、当たってましたよ。青い炎。クールに見えるけど、じつは熱い。そうでしょう？」

彼女は気をよくしてほほえんでみせる。要するにこの水槽、女を口説くための道具立てというわけだったのね。でも小道具にここまで凝るという男も、どこか憎めない気がしてくる。

「きみにこいつをプレゼントしてあげられないのが残念だなあ」

「生きた宝石ですものね、しかたないわ」

そう言ってから、彼が小さな網でそのメダカをすくいあげ、針金で彼女のくすり指にぐるぐる巻きつけるところを想像して、すこし胸が悪くなる。

「あ、話に夢中でまだ飲み物も出してなかったね。ポルトワインなんかどうかな、けっこういいやつがあるんだ。それともブランデー？」

「じゃあ、ポルトワインをいただきます」

彼はいそいそとキッチンに立ち、しばらくしてルビー色の液体のはいったグラスをふたつ運んでくる。

「ぼくたちふたりと、グッピーの夜に乾杯」

チンとグラスのふちを合わせて、彼らはすこしのあいだ見つめあい、ほほえみ交わす。たしかにちょっと風変わりな人だけど、このさいそんなこと言ってられない。今夜のわたしはやっぱりついてる。そう自分を祝福しながら、彼女は口のなかにひろがるほろ苦い甘さを味わい、ついでそのなかにゆっくりと溺れていく。

気がつくと彼女は宮殿の大広間のような場所にいる。周囲にはまばゆいばかりの美女たちがひしめいている。なにが起こったのか、さっぱりわけがわからない。なんだってこんな、ものすごいところに紛れこんじゃったのかしら。美女たちは皆大柄で、隆々とそそり立つ胸とくびれた胴をし、うしろに大きく張り出したドーム型のスカートをゆらゆら揺らしながら、踊ったり、飲み物を片手におしゃべりに興じたりしている。その夜会服のみごとなこと！　宝石やビーズをちりばめた色とりどりの絹やビロードが、きらめく滝のように腰からなだれおちている。そんななかで彼女はといえば、家を出たときとおなじ、くすんだグレーのミニのワンピースに白いボレロを羽織っているだけ。貧相な体格とあいまって、下女にも劣るみじめったらしさだ。美女たちはときおりちらちらと彼女に視線を送り、レースの扇子の蔭でなにごとか囁きあっている。彼女は恥ずかしさに消え入る思いで、じっと壁にへばりついているしかない。

じきに彼女は奇妙なことに気づく。美女たちをエスコートするはずの紳士がひとりも見当たらないのだ。男の人たちはべつの部屋でチェスでもしてるのかしら。外国映画では晩餐のあとで男女が別の部屋に分かれたりするもの。でもそれなら女どうしで踊ったりはしないはずよね。もしかしてここ、レスビアンたちの秘密の集会ってわけ？　彼女はますます不安になってくる。

そのとき、ひときわあでやかな青と金色のドレスの貴婦人がまっすぐ彼女のほうに歩み寄ってくる。腰を屈めて手を差し伸べると、

「どうぞ、マドモワゼル、ごいっしょにいかがですか」

とやさしく誘いかける。

「いいえ、いいえ、わたしは……踊れませんし、それにこんなかっこうですから」

彼女は真っ赤になってもじもじする。

「それじゃ、すこし外を散歩しませんこと。ここはずいぶん混みあっていますもの」

彼女がほっとしてうなずくと、貴婦人は彼女の腕を取って歩き出す。白い手はひんやり

として大理石のようだ。彼女よりはるかに背が高いため、金銀の刺繍を縫いとった長い袖飾りが彼女の肩のあたりをふんわりと撫でる。

夜というのに、庭園のあちこちに照明が設置されているらしく、あたりにはうす青い光が満ち、木立がゆらめく影を落としている。真っ白の砂利を敷きつめた小径が、大小の植え込みを縫ってうねうねとつづいているのが見える。

「あのなかでひと休みいたしましょう」

前方の小高い丘に建っている回教風の青いタイル張りのあずまやを指さして貴婦人は言う。

「あそこからはお庭全体が眺められますの」

どこかで見た建物のような気がするが、彼女には思い出せない。なかにはいってベンチに並んで腰掛けるとすぐに、貴婦人は彼女をちやほやしはじめる。

「最初にあなたがはいってこられたときから、注目していましたわ。あなたが特別なかただということがすぐわかりましたの」

「とんでもない、わたしなんて、あなたがたに較べたら……」

彼女は赤くなって言うが、貴婦人は小さく溜め息をついて、

「わたくしたちなんて……虚飾だけの姿ですわ、こんな仰々しいドレス、滑稽でしょ」

と言いながら、そっと手袋を脱ぎ、冷たい指先で彼女の手の甲をゆっくりと愛撫する。

口説かれているのか、それともこの国の女どうしの社交儀礼にすぎないのかはかりかねながらも、彼女はあいまいな微笑を浮かべ、貴婦人がいろいろと彼女の女らしい魅力やかわいらしさについて、ビロードのように低いやわらかな声でいろいろお世辞を言うのに、なかばうっとりとして耳を傾ける。

「あなたがわたくしたちのパーティに来てくださってほんとうにうれしいわ。いつもおなじ顔ぶれっていうのも、はっきり言って退屈ですもの」

「あのう、こんなこと、お尋ねしていいかどうかわからないんですけれど……」

「あら、遠慮なさらないで、なんでもお聞きになって」

彼女は思いきって先ほどからの疑問を口にしてみる。

「どうしてここには男性がひとりもいらっしゃらないんでしょう。なにか女性だけの特別なパーティなんですか」

「まあ、なにをおっしゃるかと思ったら。男性がひとりもいないですって」

貴婦人はけたたましく笑い出す。あっけに取られている彼女の目の前で、貴婦人は突然本性を現わし、きらびやかな青と金の緞帳のようなスカートを両手でぐいと上にたくしあげる。ばら色の絹のペチコートもまくりあげると、おつぎは白いごわごわしたクリノリンスカート、さらにその下はむき出しの裸で、そこには張り裂けんばかりに怒張して湯気を立てているものがある。彼女はきゃっと叫んで逃げ出そうとするが、贋貴婦人はすばやく飛びかかり、巨大なスカートの下にすっぽりとくるみこんでしまう。

　嵐のようなひとときのあとで、彼女はなかば朦朧としてあずまやの窓から外を見る。するとそこにはいつのまにあとをつけてきたのか、同類の衣装倒錯者《トランスヴェスタイト》たちが壮麗なスカートをゆさゆさ揺すぶりながら、一列に並んで順番を待っている。頭の隅に、さきほど眠りに落ちていくまぎわに聞いたせりふが、ぼんやり蘇ってくる。

「変な雑種が生まれてこないように、ここには雌は一匹も入れてないんですよ。それに雌は尾びれも短いし、ちんちくりんで全然きれいじゃないからね。でもやつらの欲求不満を解消するために、ときどきは雌を一匹だけ入れてやるんです。そいつはかわいそうに、たいていは興奮した雄たちに突つき殺されてしまうんですが……」

クラゲたち

こちらの一角では最高級下着のファッションショーが繰りひろげられている。

下着といっても、恥ずかしいところをぽっちりと覆ういまどきの貧相な切れっぱしなんかじゃなくって、絹地をふんだんに使ったドレープ、フリル、リボンの氾濫。流行にことさら敏感な社交界の貴婦人や高級娼婦が競って身につけては、夜会服の裾からたっぷりと覗かせ、いくえにも重なった襞飾りを蠱惑的に揺すってみせる、ペチコート・ドレスやドロワーズ、クリノリン・スカートといったたぐいの。半透明の白いオーガンジーに金の刺繍をあしらったロマンチック・チュチュ、ピンクに臙脂の縦縞のはいったバルーン・スカート、螺旋状に渦巻くフリル飾りを長く引きずったフラウンスド・スカート、裾をほつらせて絹糸をからまりあわせ、蜘蛛の巣に見立てたドレス、その他さまざま数寄《すき》を凝らし、贅の限りを尽くした下着の数々が、まばゆい照明の下で大輪の花のように舞い、優雅にひろがったりつぼんだりを繰り返す。

上・ハナガサクラゲ／下・アカクラゲ［写真提供：海遊館（「ふあふあクラゲ館」）］

なぜといって、布地の下に手をまさぐり入れ、レースのおびただしい襞また襞を掻き分けて、欲望にふるえる指でひとつひとつ繻子《しゅす》のリボンの結び目をほどき、布の隙間に隠れた小さな留め金をはずし、最後の蔽いにたどりつくまで、じりじりしたもどかしさと錯綜する迂回の快楽をともども味わいながら、目ざすものへと徐々に、そして確実に近づいていくこと、それ以上に殿方を狂おしく煽り立てるものはないのだから。

だが、すべての探索は空しいままに終わってしまうだろう。指にまとわりついてくる布をいくら掻き分けても、熱く充実した肉にたどりつくことはない。紳士のたしなみをかなぐり捨てて、スカートの下に頭からごそごそもぐりこんでみたところで、目の前にはどこまでもレースとフリルの織りなす青みがかった乳色の、ゆらめきもつれる迷宮が息づいているだけなのだ。結局彼らが相手にしていたのは、微速度撮影でとらえた花の開花の瞬間を、再生と巻き戻しを繰り返してたえず現前させるのにも似て、裾を大胆にひろげてはすぐに羞恥を装ってつぼめてしまう、そんな思わせぶりな動きの永遠の反復だったのだから。

だが誘惑は、ときとしてひどく危険な罠でもある。色鮮やかなドレスはしばしば、ヘラクレスの胴着さながら強烈な毒を仕込まれていて、ほんの出来心で手を伸ばし、美しい裾飾りに触れるか触れぬかしただけでも、激しい痛みとともに皮膚を赤く灼けただれさせてしまう。

海岸を散歩していると、波打ちぎわに死んだクラゲのかけらがなかば砂に埋もれてつつましい光を放っている。拾いあげて手のひらに載せると、水のなかのかろやかな動きが嘘のようにずっしりと重く、たちまち指の間からずり落ちていく。夢の深みから日常へと引きあげられたものはすべて重い。亡霊に取り憑かれた者が、きまってひどい肩凝りに苦しめられるように。

ゴマフアザラシ

気持ちいいって、どんなときだろう。

たとえば、見わたす限りの草原に寝っころがって、吸いこまれそうな青い空を眺めているとき。

あるいは、舌の窪みに乗せた極上のワインの香りが、口じゅうにゆっくりとひろがっていくとき。

でもわたしにとって、気持ちよさの究極のイメージは、水槽のなかのゴマフアザラシたちだ。

つめたい澄んだ水のなかを、銀色のゴマフアザラシたちが泳ぐ。

お仲間のアシカたちが、媚びを含んでからだをくねらせるのとは対照的に、彼らはまっすぐな紡錘形に身を保ち、魚雷さながらのスピードで、つーい、つーいと水を突っ切っていく。つぶらなまるい目と、口角の上がった愛くるしい口もとをして、ガラスの向こうの

ゴマフアザラシ［写真提供：海遊館（「モンタレー湾」水槽）］

わたしたちににこにこ笑いかけながら。銀の水玉模様の毛皮を着たマトリョーシカ人形みたいに。

ぼくたち、いまとっても気持ちいいんです、そう言いながら。

《利用法》

一、カマボコの材料。ただしハモとかグチのように主要材料として喧伝されることはなく、かさを増やすためにこっそり入れられる。水増しならぬサメ増し。

一、サメのひれ（フカヒレ）は中国語で〈魚翅《イウチー》〉といい、高級食材として珍重される。ホシザメ科のヒラガシラのものが特に良質。

一、サメの皮膚は硬い歯状鱗に覆われており、〈鮫やすり〉と称してものを研磨するのに用いられる。また、なめしたものは刀剣のつかや鞘などに張って装飾とする。西洋ではサメ皮張りの箪笥《たんす》は最高級品とされる。

一、サメは体内に巨大かつ豊潤な肝臓を有し、それを圧搾、精製して得られるスクワレンオイルは基礎化粧品の原料となる。サメ油でお肌はしっとりなめらか、お手入れを怠るとたちまちサメ肌に逆戻り、というわけ。

一、水族館の重要な構成員。プロレスにヒール役が不可欠なように、大水槽はサメたちを必要とする。サメのいない大水槽はただのばかでかい生け簀にすぎない。サメが放たれることで、そこにはいくぶんかドラマの要素が導入され、アジやサバやタイやマグロといった、水産資源にひとくくりされがちの無個性な魚たちは、凶悪犯に脅かされる善良な市民のおもむきを帯びる。

《名前》

サメには他の動物からとった名前が多い。イヌザメ、ネコザメ、トラザメ、イタチザメ、ネズミザメなどなど。英語名でも事情はおなじで、ブル・シャーク、ゼブラ・シャーク、レオパード・シャークなどが目白押しだ。わたしたちは潜在意識ではサメを魚というより獣に近いものとしてとらえているのだろうか。だが命名されたサメがその動物に似ているかといえばそうでもない。ネコザメはたしかに、ネコを煮溶かして成形したような姿をし

イヌザメ［写真提供：海遊館（「アクアゲート」）］

ているが、ほかは模様や色を考慮しても、なぜそんな名前になっているのか見当がつかないものも多い。ネズミザメは体長三メートルあり、ネコザメの三倍も大きい。英語のタイガーシャークは日本ではイタチザメであり、日本のトラザメは英語でキャットシャークである。また、英語のエンジェルシャーク（エイのようにびらびらと左右に大きくひろがった胸びれが、天使の翼に見えないこともない）は、日本ではカスザメと呼ばれている。

《歯》

軟骨魚類であるため(あの鞭のようなしなり!)、からだのなかで硬い骨は歯だけである。サメの歯は口の内側に向けて何重にも密生していて、いちばん外側の列の歯が欠けたり磨り減ったりすると、自動回転式替え刃のように、つぎつぎに新しい歯が外に押し出されて垂直に立つしくみになっている。そのせいでサメの歯はいつもぴかぴか磨き立ての状態を保っている。一説によれば一匹のサメが一生で用いる歯の数は二万本以上にものぼるという。ちなみに因幡の白ウサギの皮を剝いてあか裸にしてしまった「わに」とは、サメの古名であって爬虫類のワニではない。

《生殖器》

サメの雄はペニスを二本もっている。それをいったいどのように使い分けているのだろう。人間の男たちは一本でももてあまし気味だというのに？　でも『海』の作者ミシュレによれば、サメは何週間にもわたって熱烈な抱擁をつづけるというし、一本ではとても足りないのかもしれない。多くのサメは胎生であり、ということはあれも人間とおなじやりかたなわけだから、ロートレアモンが『マルドロールの歌』のなかで描いた主人公と雌ザメの婚姻の場面は、まったく奇想天外というわけでもない。

《目》

サメの目は大きく三つに分類できる。まず、金や銀の虹彩に針のように細い瞳孔がひらいているもの。これには縦に細い猫タイプ(メジロザメ)、横に細い山羊タイプ(ドチザメ)、斜めに切れあがっているタイプ（ネコザメ、イヌザメ）がある。つぎに白目の中央にごく小さな黒目が浮かんでいるもの（ウバザメ、イタチザメ）。最後に悪名高いホオジロザメのように、やわらかなゴム球そっくりの巨大な黒目がじかに皮膚に埋めこまれているもの。いずれにしても人好きのする目つきとは言えず、ガラス越しに彼らとじっと見つめあっても親しく心が通いあうことはない。

それどころか、彼らをじっくり見れば見るほどわたしたちは奇妙な混乱に陥ってしまう。そのときどきによって、彼らはすごく知的に見えたり、魯鈍そのものに見えたりするし、その姿かたちも、ぞっとするほど醜怪に思えることもあれば、機能美の極致と映ることさえある。いったい彼らは邪悪の権化なのだろうか、それとも本能の純粋な発露としての無垢なる存在なのだろうか？　わたしたちの判断は極端から極端へと揺れ動く。でもひとつだけははっきりしている。サメのいない水族館なんて考えられない、絶対に。

シルバーアロワナ

　シルバーと名前はついているけど、自分では純白だと思ってるの。七つの海と無数の川に棲む魚の仲間で、真っ白っていうのは意外と珍しいのよ。みんななにかしら色がついてるし、たいてい縞模様とか斑点とかごてごて模様をつけてるでしょう。ああいうのってじきに飽きがきちゃうと思うのね。わたしたち魚って、子供のときの服を大人になって脱ぎ替えるチョウチョウウオみたいな例外をのぞいては、一張羅の着たきりすずめ、せいぜい婚姻色とかいって、すこし色を濃くするくらいが関の山ですもの。だから白がいちばん。白は色がなにもない状態じゃなくて、白熱ってことばがあるように、すべての色がそこから生まれてくる炉床みたいなものだから。色の飽和した状態が白で、ほんのちょっとした揺らぎでいろんな色調へと変わっていって、そしてまた白に戻る、それって無限の変化でしょう。

　一メートルを超える巨大な川魚は、ふつう澱みのあたりでじっとしているものらしいんだけど、わたしたちアロワナは明るい水面近くを、身をくねらせてゆっくりと泳ぎまわるのが好き。そうすると、お腹の下の幅広のアコーディオン・プリーツがゆらゆら揺れて、そこを虹色の波が端から端まで渡っていくのがわれながらうっとりするくらいきれいで、いつまで見ていても見飽きない。ブリーダーの人たちは、わたしたちの目が成長するにつれて下向きに垂れていくと言って嘆くけれど、半分はしかたのないことだと思う。美しい色と光の戯れを、いつも自分の目でたしかめずにはいられないから。

ブリーダーを困らせることがもうひとつあって、わたしたちがどちらの性に属しているのか、外見では見分けがつかないらしいの。みんながおなじ純白のひらひらした衣装に身を包んで、大きさもおなじなら、下唇の先に二本の優雅なひげを生やした顔も似たり寄ったりだし。じつはそのことは、ある時期がくるまではわたしたち自身にもわからない。あるときふと気づくと、いつのまにかわたしたちは二匹寄り添ってゆっくりと泳いでいる。その瞬間はするりと夢のなかにすべりこんでしまうような、ちょっと不思議な感覚で、まるで鏡を見ているみたいに自分とそっくりの相手の美しさに見とれ、ひれでたがいにやさしく愛撫しあいながら、ゆるやかに輪を描いてまわりはじめる。旋回の速度はすこしずつ速くなり、きらめく虹の渦に閉じこめられてぐるぐるとまわるうち、あまりの気持ちよさにぼんやりしてしまって、もう自分がだれなのか、だれとこうして踊っているのかどうでもよくなって、ただいつまでもこうしていたい、この瞬間が永遠につづけばいいと思う。

でもそのうちお腹の下のほうがむずむずしはじめる。しばらくはがまんしてるんだけど、だんだんひどく突っ張ってきて、いまにもはちきれそうで苦しくてたまらなくなる。ああ、もういよいよだめ、というところまでくると、ふたりもつれあって死んだようにゆっくりと沈んでいくの。そしたらほぼ同時に、ひとりのお腹からは白い水けむりが、もうひとりからは大粒の珊瑚色をした玉がいくつもいくつもほとばしり出てきて、そのときはじめてわたしたちは、ふたりがなにからなにまでおなじというわけではなかったと気づく。

わたしたちはしばらくのあいだほの白いもやに包まれて、水底に敷きつめた珊瑚玉の上に息もたえだえに横たわっている。真紅の珊瑚はわたしたちの純白のドレスを飾るのにぴったりのアクセサリーだし、愛するひとに捧げるのに、これ以上の贈り物は考えられない。だから贈られたほうはじきに態勢を立て直すと、ひとつずつそっと接吻しながら、残らず拾いあつめて口のなかをいっぱいにする。けっこう大きな受け口がこのとき役に立つというわけ。それからはもう食べることも忘れて、口のなかで玉と玉が触れあうチンチンという澄んだ音の響きを日がな楽しんでいる。

幸せにはまだまだつづきがあって、玉は日を追うごとにやわらかくなり、何週間かするとぴくぴく動きはじめて、そしてどうでしょう、ひとつの玉からひとりずつ、ちっちゃな

シルバーアロワナ［写真提供：海遊館（「エクアドル熱帯雨林」水槽）］

わたしがいっぱい生まれてくるの。一か月もしたら口のなかを出て、外で暮らすようになる。もう一人前に虹色のスカートをゆらゆら揺すって泳ぎまわりながら。

こんなふうにしてわたしがどんどん殖えていくのは、ほんとうにすばらしいことだと思う。この世で美しいのはわたしひとりだけ、なんて了見の狭いことを言うつもりはないの。自分の美しさをすみずみまで愛でるには鏡が必要だけど、わたしがいっぱいいるということは、あたり一面に鏡を張りめぐらせているようなものだから。いいえ、もちろんそれ以上よね。だって鏡のなかの自分は、やさしくひれで愛撫してくれたりはしないもの。それに、そこいらじゅうがわたしでいっぱいになったら、無理に自分のお腹の下を覗きこむ必要もなくなって、目玉が垂れ下がるなんていう不名誉な病気も、すっかり治ってしまうでしょうし。

ジンベエザメ

スピード偏重の現代にあっても、飛行船は特別な魅力をたたえた乗り物でありつづけている。空をのんびり横切っていく飛行船を目にすると、子供ばかりでなくわたしたち大人も、心浮き立つ思いにとらわれずにはいない。それはたぶん飛行船が、夢のなかで空を飛ぶときのわたしたちとおなじ飛びかたをしているからだ。わたしたちは、鳥や蝙蝠のような翼を装着しているわけでも、ジェット機やロケットみたいに猛スピードで空間を突っ切っていくわけでも、アホウドリのように長い助走を必要とするわけでもない。なんの前触れもなくふわりと宙に浮きあがり、風にここちよくぶられながら気の向くままに空を散歩する。飛行船はわたしたちの軽さへの希求がそのままかたちとなった、夢幻的な乗り物なのだ。

飛行船が空の遊歩者であるように、ジンベエザメは海の遊歩者だ。その姿は、横長の紡錘形の最後尾にプロペラをつけた小型の飛行船にとてもよく似ている。青地に白い水玉の甚兵衛羽織という涼しげなよそおいで、たくさんの小魚たちをお供に引き連れて大水槽をゆっくりと回遊するさまは、クジラやシャチといったおなじ海の巨大生物の圧倒的な重量の印象とは異なり、飄々といかにも軽やかだ。

水族館の外の売店では、ジンベエザメをかたどったガス風船が売られている。幼い子供たちは親にねだってそれを買ってもらい、小さな指先に糸を巻きつけて、ジンベエザメを空に泳がせながら歩く。指にくいこむ糸の感触で空の風と交感しながら、子供たちは自分もすこしばかり空を散歩している気分になる。そのうちうっかり指を離してしまったり、糸がなにかの拍子に切れたりすると、ジンベエザメは子供を地上に置き去りにして、どこまでも高く昇っていく。昇りながらどんどん膨らんで巨大になり、その軽さでもってすべての障壁を通りぬけ、ついには上昇と下降のベクトルさえ無化して、空から大洋へ、夢からうつつへと自由に循環しはじめるのだ。

ジンベエザメ［写真提供：海遊館（「太平洋」水槽）］

人面魚

　ぼくはガールフレンドに誘われて人面魚を見に行く。

「週刊誌のグラビアで見たの、人面魚特集。すっごい不気味だった。鯉の頭のまんなかに人間の顔が、もわーって浮かびあがってるの。人面魚って、けっこうあちこちにいるのね。全国人面魚地図っていうのが載ってて、それ見たら、ここからあんがい近くのお寺の池にも一匹いるのよ。ねえ、こんど行ってみない？」

　言い出したらそのことばかり思いつめるたちの娘だ。あまり熱心にせがむので、つぎの日曜日、新車の足ならしをかねて寺を訪ねることにする。

「きっと人でいっぱいよ、人面魚っていまブームみたいだし。車停められるかなあ」

　道々彼女は心配するが、うねうね入り組んだ山道を走ること一時間、やっと探し当てた寺に着いてみると閑散として、庭の池の周囲には人影さえない。池の水は茶色く澱んで、鯉の姿も見当たらない。

だが池のはたに立って覗きこむと、水のなかから腹を空かせた鯉が何匹かのっそりと現われる。皆薄汚れて生気がない。もとはきれいな色だったのかもしれないが、水垢や泥がしみついて、全体ににび色の膜をかぶったようになっている。

「あ、いたいた、あれじゃない？」

彼女がすっとんきょうな声をあげて指さしたのは、こちらに向かって泳いでくるひときわ大きな灰色のカガミゴイだ。左右に離れた目のあいだに、たしかに黒ずんだ髑髏のようなかたちがぼんやりと浮き出ている。

「それを言うなら、ほら、こいつだってそうだろう」

ぼくは近くのくすんだオレンジ色のを指し示す。

「ほら、あっちの赤白のまだらのやつだって似たようなもんだ。人面魚だらけだよ」

鯉たちは多かれ少なかれ、皆おなじような透かし模様を鼻先に掲げている。皮膚の下に軟骨が組みあわさってできる複雑な翳が、ちょうど顔のように見えるにすぎないのだ。ばかばかしい、なんだってこんなさびれた山寺を探し探し車を飛ばしてきたんだろう、ぼくは舌打ちする。映画でも観に行ったほうがよっぽどましだった。来る途中、山道には工事を中断したままの砂利道があちこちにあって、濛々たる砂埃で新車はすっかり汚れてしまったし、塗装もかなり傷ついたにちがいない。

「ほんと、あんたの言うとおりだわ」

彼女はひどく怯えた口調で言う。

「どれもこれも人面魚になっちゃってる。一匹だけかと思ってたら、いつのまにかこの池で繁殖してたのね」

だから、そうじゃなくって、と言いかけ、無力感に襲われてぼくは黙る。彼女になにを言ってもむだだ。ボディとノリのよさだけが取り柄の、それこそ鯉くらいの容量の脳みそしかない娘なのだ。

餌をもらえないとわかると、人面魚たちは濁った水の下にゆっくり姿を消していく。一匹だけまだ未練がましくぼくのほうに頭をもたげて、口をぱくぱくやっている。ぼくはうんざりしながらも、人面としばしにらみあう。正確には人間の顔というよりも、未開人の呪術師がかぶる仮面のごときものだ。稚拙なつくりであるだけに、いっそうまがまがしさを発散してもいる顔を、哀れな鯉は愚鈍そのもののっぺりした鼻先に、それとは知らず彫りこまれてしまっている。

するとそのとき、ジュッというなにかが焦げるようなかすかな音とともに、顔とぼくのあいだにひそかな通路が打ち立てられる。仮面は命を吹きこまれ、魚の冷たい肉質を突き破り、刺すようなまなざしでなにごとかを訴えかけてくる。ぼくたちを隔てている距離は消失し、一瞬ぼくの視界はその顔――立体画像と化して大きくせり出してきながら、同時に無限の深淵のように奥まってもいる顔――でいっぱいになる。

帰りの車のなかでぼくと彼女は気まずく黙りこんでいる。ぼくは気分が悪く、頭痛がしはじめている。何度もカーヴを切りそこねて山肌に乗りあげそうになり、そのたびに彼女はキィキィ叫び声をあげる。いつもなら帰りに国道沿いにあるピンクとクリーム色のお城みたいなラブホテルに寄るところだが、ぼくはさっさと彼女を送り届けて自宅に戻り、陽の高いうちからふとんをかぶって寝てしまう。

つぎの朝目覚めると、眉間のあたりに硬いしこりができて熱をもち、周囲に鈍い痛みをひろげている。数日後、痛みはますますひどくなり、鏡で見ると盛りあがったしこりの先端部分に黒ずんだ小さなでこぼこができている。顔じゅうの皮膚がそこに引っ張られるせいで、表情まで変形してしまったようだ。不安に駆られたぼくは彼女に電話をかけてみる。

「やあ、最近調子どう？　こないだはごめん、ちょっと体調がよくなかったもんだから」

ぼくはうまくまわらない口で言い訳するが、彼女の対応ははかばかしくなく、つぎのデートのことも言い出さずに電話を切ってしまう。

ぼくは翌朝早い時間に家を出て、こっそりと彼女のアパートの入口近くを見張る。しばらくしてゴミ袋をぶらさげて出てきた彼女は、額に大きなガーゼを当て、その上から蜘蛛の巣みたいなネットをかぶっている。身のこなしは臨月の妊婦のように鈍重で、視線はうつろだ。ぼくは安堵と恐怖の入り混じったなんとも言えない思いにとらわれる。ぼく自身もからだに鉛の棒を仕込まれたみたいによろよろとしか歩くことができないのだ。気のせいか頭もぼんやりして、ものごとを理路整然と考えることがひどくむずかしくなっている。眉間に無限の深淵を穿たれた鯉たちの哀しみだけが、ひしひしと胸に沁みてくる。

タコ

おお、絹のまなざしをした蛸よ！　その魂が私の魂と切り離せない君。地球の住民で最も美しい君、四百の吸盤のハーレムを統括する者よ。

（ロートレアモン『マルドロールの歌』石井洋二郎訳）

脚の付け根の奥に鋭い歯を備えた口があり、さらにその奥に伸縮自在の巨大な腹があるという悪夢的構造の生きもの。捕食と消化吸収に必要なパーツだけを手っとりばやくつなぎあわせてある。むき出しのやわらかな腹をまもるために、タコはふだん岩蔭にひそんだり、コンクリートブロックの穴にもぐりこんだりしている。

タコはとても目がいい。まるい金色のひとみのなかに、鍵穴そっくりの漆黒の瞳孔が横長にひらいている。タコの本体がどれほどぐにゃぐにゃかたちや向きを変えようとも、瞳孔は羅針盤のように水平方向を保ちつづける。

マダコ［写真提供：海遊館（「瀬戸内海」水槽）］

タコのいちばんの好物はカニだ。固い殻に包まれた肉の甘みをよく知っているからなのか、それとも固いものを見ると闇雲な憎しみに駆られてしまうのか、カニが岩肌伝いにカサコソ歩いてこようものなら、隠れ家から音もなくすべり出て、じわじわとそばに忍び寄っていく。そのさい周囲にあわせて、肌の色やきめを自在に変えて姿をくらませるので、タコの存在はまったく宙に浮かぶふたつの金の鍵穴と化してしまう。胃袋と脚だけのような姿のくせに、じつはタコは頭もとてもいいのだ。移動式の鍵穴の奥からじっと覗かれているとは夢にも知らず、のんびり砂底の餌をあさっている相手に至近距離まで近づくと、突然砂を巻きあげて躍りかかっていく。獲物はめくるめく渦巻きに吸いこまれ、八本の脚と吸盤で締めつけられて、渦の中心にある口へとなすすべもなく送りこまれる。伸縮自在のまるい唇の内側には、タコのからだのなかで唯一の固い物質である、カラストンビという鋭い三角形の刃が植えこまれているのだ。しばらくしてしずかに身を引き剝がしたタコの下では、ばらばらになったカニのはさみや甲羅がきちんと積みあげられている。いっぽう細い脚の先まできれいにぬきとられてしまったカニの身はといえば、膨らんだ腹のなかで、タコとおなじ胸苦しいような軟らかさへと、とろとろ消化されていく。

ディスカス——授乳する魚

ぼくが本腰を入れてディスカスを飼育しようと思い立ったのは、熱帯魚の王様と称されるその美しさにひかれてということも無論あるのだが、彼らの子育てのようすを観察してみたかったからだった。子供のころ水槽で飼っていた金魚たちが、春先の数日間の狂躁ののちに水藻に産みつけた淡いオレンジ色の卵を、あさましくもひと粒残らず食べ尽くしてしまうのを見て以来、魚に母性愛があるとは長いこと信じられずにいた。大人になってからも、ひらひらしたレースのスカートをはいたリュウキンや、朱色のガラス質の肉瘤を盛りあがらせたオランダシシガシラ、目の下をほおずきのように膨らませたスイホウガンなど、いろんな種類の金魚を飼ったが、それは彼らの畸形じみたエロティックな姿態を楽しむためであって、いぜんとして彼らのうちに愚鈍さと貪欲さ、そしてからだのなかを流れる血とおなじ冷ややかさしか見いだすことができなかった。卵が生まれようものなら、すぐさま親たちから引き離さなければならなかった。

後年、魚たちのなかにも、鳥や獣にまさるとも劣らない強い愛情を子供たちにそそぐ種族がいることを知った。たとえばティラピアやアロワナ、そしてある種のナマズたちは、一か月以上も絶食して口のなかで稚魚を育てるし、トゲウオの仲間たちは水底に巣を作り、寝ずの番をして子供たちを守る。だがそうした事実はあくまでぼくたち人間のあずかり知らない、魚類特有の神秘的な本能のなせるわざだと思われた。ところがディスカスは孵化した稚魚を、哺乳類とおなじようにみずからの乳で育てるというのだ。豊満な女体を連想させる金魚たちならまだしも、きらめく円盤状の盾のような、硬質で金属的なイメージのディスカスと、授乳というあたたかい、むせるような肉感に満ちた行為とは、ぼくには到底結びつきがたいものに思われた。

授乳するといっても、ディスカスの雌に乳房があるわけではない。稚魚たちは親の体表から滲み出てくるディスカスミルクと呼ばれる液体を飲むのだ。さらにそのミルクを分泌するのは母親だけではなく、父親も交替で授乳するのだという。まさしく究極の育児分担と言えるだろう。三年前に離婚して以来、家庭や育児といった煩わしいことに二度とかかわるつもりはなかったが、自分のできなかったことを一種メタなレベルでやり直すのも悪くない、とぼくは考えた。それを一種の補償行為、いわゆる「癒し」と呼んでもいいだろう。夜更けに帰宅するマンションの暗い部屋の一角に、煌々と明るいもうひとつの小さな部屋があって、そのなかで理想的な家族がはぐくまれている、それはこのうえなく心慰める眺めではないだろうか。

〈五月五日　木曜日〉

ネットオークションで購入したロイヤルブルー・ディスカスのペアが、きょうの午後宅配便で届いた。水槽は二日前から準備して、水質、温度ともに万全の状態に整えてある。雌雄どちらも体長は十センチほど。オレンジがかったプラチナ色の地に、暗色のぼんやりとした縦縞と、輝く空色の横縞という二種の紋様が立体的に浮かびあがっている。肉や内臓を備えた生きものとは思われない、螺鈿《らでん》細工を施した工芸品のようなおもむきだ。

原種といわれるディスカスのうちでも、ロイヤルと冠されたものは格別で、他のブルー・ディスカスが頭部と尻びれのあたりに部分的に縞をつけただけの地色の勝った配色であるのに対し、これは全身に目のさめるような青紫の縞模様をまとっている。その色は彼らの故郷の空を舞うモルフォ蝶やミイロタテハたちの光り輝く青とおなじであり、あたかもアマゾン川の水面が鏡、それも陽の光を七色のモザイクに分光するはたらきをもつ鏡となって、上下ふたつの世界を映しあわせているかのようだ。

二匹はしばらくばらばらに泳いでいたが、やがて申しあわせたように斜め上の一点をめざして同時に泳ぎはじめると、衝突しそうになる寸前にくるりと身をひるがえして交差し、こんどは下向きに別々の方角へと泳ぎ去っていった。ペアのディスカスがしばしばしてみせるという「お辞儀」にちがいない。それをこんなにも早く見ることができて、ぼくはすくなからず興奮した。それは貴族たちの舞踏会で男女が交わす形式ばった、それでいて熱情的な挨拶を思わせた。そのあともふたりはいくどかおなじ動作を繰り返し、そのたびによりぴったりとおたがいの息を合わせ、優雅と洗練の度をすこしずつ増していくように見えた。ぼくの胸は期待で膨らんだ。この調子ならブリーディングも意外と早く成功するかもしれない。

〈五月二十九日　日曜日〉

よく餌を食べるせいか、二匹は最初に来たころに較べると直径がひとまわり大きくなり、発色もいちだんと鮮やかになったようだ。見ていてほほえましいほど仲むつまじく、「お辞儀」も日にいくどとなく繰り返す。きょう熱帯魚専門のペットショップに足を運び、三十センチほどの高さの円錐形の産卵塔を買ってきて、水槽の中央に据えた。二匹はときおりかわるがわる腹びれをこすりつけながら、塔を斜めにのぼっていくしぐさを見せる。おそらく本格的な交尾行動の予行演習のようなものだろう。

〈六月十四日　火曜日〉

会社から帰ってくると、ネクタイを緩めるよりも先に、なにか変わったことが起きていないかと、水槽に目を凝らすのが習慣になっている。まだ産卵塔がきれいなままであることを確認するたびに、かすかな失望がよぎる。繁殖可能な個体ということで買ったのだが、ひょっとするとまだ若すぎるのかもしれない。いずれにしても先は長いのだから、焦らずにじっくり待とう、と自分に言い聞かせる。

〈六月二十三日　木曜日〉

ついに卵を確認する。産卵塔のちょうど中ぐらいの高さに、淡い橙色の卵が二百個ばかり、きちんと行儀よく固まって産みつけられている。親たちは卵が気になってしかたがないようすで、外敵がいるわけでもないのに交替で卵を見張り、卵に新鮮な水を送ろうとしてたえまなく胸びれを動かしている。そのけなげさは、見る者をほろりとさせずにはいない。ぼくはといえばなにをしてやることもできず、ただガラス越しにじっと見守っているだけだ。

見守ること、それが庇護者たるぼくに課せられた最低限の責務だというのに、翌朝には彼らだけを残して会社に行かなければならない。ぼくの留守中に地震が起きて停電するとかすれば、それこそ取り返しのつかない事態に陥ってしまう。さらにあと数日して稚魚が孵りはじめたら、しばらくは水質や水流の管理に細心の注意を払わなければいけない。ここはどうしても、二、三日だけでも有給休暇を取るべきだろう。家の事情で、と理由をつけたところで、あながち嘘にはなるまい。

〈六月二十六日　日曜日〉

約半数は無精卵だったらしく、産卵の翌日には白濁してしまったが、残りの百個ほどはいったん透明になってから中央の部分が黒く固まりはじめた。目を凝らして見ると、ひとつひとつがかすかにふるえているのがわかる。いつが孵化の瞬間なのか肉眼では確認できなかったが、透明な殻を破って魚が出てくるのではなくて、ゼラチン質の球体がすこしずつ楕円形に引き伸ばされ、いつのまにか魚のかたちになっている、という感じだ。まだ泳ぎ出す力はなく、塔の壁に貼りついたままで微細な尾を懸命にふり立てている。じっさい稚魚たちはあまりに小さすぎて、一個ずつの独立した生命というよりも、ごくかすかな光の揺らめき、あるいは水の振動のように見える。それら百ものリズミカルなふるえは水槽全体に波及していき、じっと見つめているとぼく自身も、軽いめまいとともにそのたえま

ブルーディスカス［写真提供：鳥羽水族館］

ないさざめきのなかへと呑みこまれていきそうだ。

稚魚たちをひとしきり観察したあとで、傍らに控えている親たちに視線を移すと、いかにも巨大で堅牢そのものだ。さらに驚くべきなのは彼らの体色の変化だ。産卵したあと授乳に備えて体色が暗くなるというのは聞いていたが、これほどの変わりようだとは思わなかった。地の赤みがかったプラチナ色は重厚な銀色になり、それまで表面からすこし奥まった層にぼんやり隠れていた黒の縦縞が、くっきりと浮かび出て空色の横縞を分断し、ほとんど消し去ってしまう。このようにからだの中央部はひどく暗化するのだが、顔と周囲の背びれと尻びれに残されたコバルトブルーのこまかな縞は、かえってどぎついような輝きを放ち、赤く充血した目とあいまって一種凄惨な美しさすら感じさせる。

——月が進むにつれて妻は変化していく。からだの奥深くに根づいた異物の毒素が体表に滲み出てくるのか、肌の白さときめのこまかさが自慢だった顔一面に赤紫色のそばかすが浮きあがり、やがてどす黒い染みになってあちこちに固まりはじめる。しだいに動作が緩慢になり、ぼんやりした、それでいてなにかを頑迷に思いつめている目つきで、いくぶん前屈みにのろのろと家のなかを移動している姿は、どこかバクとかアリクイといったたぐいの野生動物を思わせる。以前は着替えもぼくの視線を避けて別室や部屋の隅でしていたのに、いまや妻はすべての羞恥心を捨て去ってしまったようだ。いやむしろ、革袋のように固く張りつめた腹や、黒ずんだ下腹部、そしてかつての淡いばら色をすっかり失って、てらてら光るチョコレート色の乳暈になかば覆われてしまった乳房を、機会をとらえてはぼくに誇示したがっているとさえ思えてくる。だがこのグロテスクなまでに猛々しく成長した乳房は、絶対的に正しい乳房なのだ。その証拠に毎晩入浴後、妻はおもむろに胸をはだけ、産婦人科で教わってきた母乳の出をよくするためのマッサージを、うむを言わさぬ口調でぼくに要求する。

〈六月二十九日　水曜日〉

家族の誕生を真に告げるのは、産卵でも孵化でもなく、稚魚たちがはじめて親の乳を飲む瞬間ではないだろうか。有給休暇はきょうまでだったので、朝からはらはらしながら水槽の前に陣取っていた。もしきょう中に体着が見られなければ、決定的瞬間に立ち会うことはほとんど不可能だ。月末の忙しい時期に休みを取ること自体、課長はいい顔をしなかった。明日からはさんざんこき使われて、深夜まで帰宅はできないだろう。

昼ごろ、それまで産卵塔の壁にへばりついていた稚魚たちのうちの数匹が、母親の背びれの付け根あたりに向かっていくのを目撃した。それにつられて他の稚魚たちもつぎつぎと移動を開始し、母親の両面はすぐに数十匹の稚魚で鈴なりになった。暗色の金属と鉱石を貼りあわせたような体表に、びっしりと真珠色の粒が滲んでいるのが肉眼でも見える。母親は稚魚たちの重みに身をかしげながらも、胸びれをかすかに動かして水中にじっと静止している。父親のほうは、すこし離れたところで心配そうに見守っている。

——胸をはだけながら妻は、張って苦しいから、はやく、はやく連れてきて、と叫ぶように言い、その顔は出産以来肉が落ちてきつくなり、からだ全体もしなびてしまったのに、乳房だけはブラウスの生地を突き破らんばかりで、赤く爆《は》ぜた先端には乳の粒が膨らんでいまにも滴り落ちそうだ。そこに赤ん坊のまるい濡れた唇が、ちょうどガス管を元栓に接続するみたいにすぽんと嵌めこまれると、ああ、と妻は深いため息をつく。

吸いつかれた瞬間、乳房が石みたいに堅くなるの。大量の血液が一瞬のうちに白くて甘いお乳へと変わり、いっぱいにみなぎっていく。張り裂けそうで、痛くて苦しくて、それが赤ちゃんにどっくどっくと勢いよく吸われて、すこしずつやわらかな肉へとほどけていくときの気持ちよさといったら。おっぱいって、なんのためにわたしたち女にくっついてるのか、この年まで生きてきてようやくわかったわ。ただの飾りでも男たちのおもちゃでもなくって、こんなに実用的なものだったということが。実用的でしかもとっても気持ちのいいもの。性交よりもはるかに持続的ではるかに満ち足りた快楽。気が遠くなるほど強い力で、どんな屈強な男に吸われるよりも強く吸われて、先端の穴から熱い液体が赤ちゃんのなかにほとばしっていく、その脈打つリズムに身をゆだねていると、もうわたしのからだも赤ちゃんのからだもなくなって、ただふたつが接続している部分の引き絞られるような甘い痛みだけがひろがって、そこを通してわたしのすべて、内臓もなにもかもがすっかり吸い出されていって、ただ空っぽの暗い穴になっていくみたい。

そんなふうに妻は言って目を閉じ、かすかにからだを前後に揺らしながらもうやわらかくなってしまった乳房をいつまでも赤ん坊に吸わせつづけ、男たちがけっして経験することもできなければ彼女たちに与えることもできないよろこびを、すこしでも長引かせようとこころみる。

〈七月七日　木曜日〉

きょうはじめて親から親への子の移し替えを見た。稚魚が片方の親だけに集中して取りついている場合、その親は餌を食べたくなったり、ひと休みしたくなったりすると、からだをひるがえして子供たちをもう片方の親にそっくり引きわたす習性がある。そのことについてはいろいろ読んだり聞いたりしていたが、じっさいに目にしてみると、予想以上に感動的な光景だ。

　ぼくのロイヤル・カップルはどちらも乳の出がいいらしく、稚魚たちは同時に両方に吸いついていることが多かったし、また自宅にいる夜間は照明を落としてもいたので、いままであざやかな交替のシーンを目撃するチャンスにはめぐまれなかった。けさはたまたま稚魚のほとんどが母親の乳を飲んでいた。餌をやったあとしばらくようすを窺っていると、ふいに母親が団扇《うちわ》をぱたりと返すようにからだを左右にひねり、稚魚たちをはらはらとふるい落として餌のほうに泳いでいった。取り残された稚魚たちが茫然としてざわついていると、それまですこし離れた場所で待っていた父親が、すっと群れのなかに身をすべり入れた。すると彼らはすぐに父親に寄り添い、なにごともなかったようにふたたび乳を飲みはじめた。

　それはほんの数秒間のできごとであり、さながら二枚の譜面のあいだを音符が行き来するように、すべてはあらたな調和へとおさまっていった。ぼくはなんとも言えない幸福感に満たされた。目の前にあるのはまさしく理想的な家族だった。水槽の外にいるぼくはたしかにそこから疎外されてはいるものの、彼らから見ればこの小世界を一から作りあげた創造主にもひとしい存在なのだ。

　じっさいガラスに顔をくっつけるようにして彼らを長いこと見つめていると、ぼくは自分自身の肉体の大きさを忘れてしまう。それは奇妙な感覚の惑乱としか言いようがない。真に価値ある世界というのはこの水槽のなか、すべてが緻密で微妙なバランスの上に成り立っているこの場所にしかなく、その外にいる自分がただ目で見るためだけに存在している、限りなく稀薄で実体のない影のごときものに思えてくる。

——昔から女たちのあの没入していく感じがすこし恐かった。溶けていく、あなたとつながってるところから溶けていくの、と彼女たちはうわごとのように言い、自分の全存在が熱い液体の通いあうただひとつの通路へと縮小あるいは膨張してしまったと訴え、ぼくはそのたびに優越感とともにぼんやりした不安を感じたものだった。夜、玄関のドアをあけたとたんに甘く饐えた匂いが鼻を突き、居間にはいっていくとその濃密な匂いの中心に妻と赤ん坊がいて、というか乳を通してつがいあい溶けあっているひとつながりの生きものがいて、ぼんやりとまどろんでいた内部のあたたかな闇からむりやり引き出されたというように気うといまなざしをこちらに向けてくるので、臭いな、この部屋、と思わず言ってしまい、するとヤマアラシかなにかがざわっとからだの棘を立ててるみたいに妻の輪郭が固くささくれ立ち、なによそれ、そんな言いかたってないでしょう、わたしがどんな思いして一日中この子の世話してると思ってるの、とぼくをにらみつける。幸福に浸っているものとばかり思っていた彼女の意外な反応にぼくは驚き、気にさわったなら謝るよ、でもいちいちそう神経質になるなよ、と言って上着を脱ぎ、そうするうちにも甘く饐えた匂いはいっそうきつくからみついて胸がむかむかしてくるけれど、いま別室に引きこもってしまうのはまずいと思いベランダに出て煙草を吸いはじめるのだが、彼女は、窓閉めてよ煙がこっちに来るじゃない、とヒステリックに叫んで背中を向け、乱暴に揺すぶられて唇がはずれたのか赤ん坊が癇を立てて泣きじゃくりはじめる。

〈七月十六日　土曜日〉

そろそろ離乳食に完全に切り換えて、親子を分離するべき時期にきている。稚魚たちはからだつきも一人前のディスカスらしく円盤状になり、力もついてきたため、親たちの皮膚はあちこち齧りとられて見るからに痛々しい。だがそう思うのは人間の感傷にすぎないだろう。稚魚たちに覆いかぶさられ、血走った目を見ひらき、からだを斜めに傾けてかろうじて水中に身を支えている彼ら、ときには小魚たちに腐肉を突つかれている死魚のようにさえ見える彼らは、いまこのうえなく幸福なのかもしれない。

ひょっとしてぼくは彼らに嫉妬しているのだろうか。創造主が被造物に嫉妬を感じることがありうるとして。全身が乳房と化した状態を想像すると、ぼくの肌は女のそれのように熱を帯びる。いくつもの唇に吸いつかれ、肌のいたるところに穴を穿たれてなかみを吸い出され、穴の周囲から皮膚はやわらかく溶けはじめる。やがてからだの輪郭もぐずぐずと崩れていき、そしてすべてがいったん無へと没したのちに、ふたたび快楽の地勢図としてまぼろしのうちに浮かびあがってくる……。

だが創造主としての責務がぼくを現実に連れ戻す。遅かれ早かれこの家族は終わらせなければならない。カップルはまたつぎの産卵に備えなければならず、稚魚たちもいずれはあらたな家族を形成することになるだろう。産メヨ、増エヨ、地ニ満チヨ、そのように言った創造主のひそみに倣い、部屋の壁という壁にぐるりと水槽を並べて彼らの王国を作りあげることを夢想して、ぼくはしばしば悦に入る。

ナポレオンフィッシュ（メガネモチノウオ）

　着道楽の魚はたくさんいるけれど、珊瑚礁に棲む小魚たちをはじめとして、たいていはみみっちい貧相なからだを奇を衒った派手な衣装でごまかすのが相場と決まっていて、これほど堂々たる体躯のものはこの魚をおいてほかにない。ナポレオンフィッシュという通名は、もともとかの帝王の愛用した天鵞絨《ビロード》製の軍帽の形に由来するとのことだが、まさしくその華麗な衣装は魚類の帝王が身にまとうにふさわしい。首もとまでは金と青の卍くずしの紗綾形《さやがた》模様、胴体から下は飴色がかった細長い入子菱《いれこびし》で、全体は山吹色の粉を吹いたように燦然としている。さらに紋様は単調なパターンの反復ではなく、転調をいたるところに織りこんで変幻自在に展開しているため、仔細に見入ろうとすればするほどにまなざしは搦め取られ、あらぬ方へとさまよわされ、ついには出口のない迷宮のなかに閉じこめられてしまう。

　そのようにみごとな装いでありながら、いったん水槽から離れて全身を眺めるなり、皆あっけに取られずにはいない。いやはやこれほど醜い魚があるだろうか？　額の中央に隆起した大きな瘤、愚鈍そうな三白眼にだらりと伸び広がった肉厚の唇、しかもこの醜怪きわまる顔は、体躯の半ばを占めるほどにも巨大なのだ。このうえなく美しい衣装とこのうえなく醜い顔、顔はそのまま衣装であり、衣装は肉そのものであって、ふたつは渾然一体を成している。これは造物主の悪ふざけなのだろうか、あるいはこの魚のあまりの醜さを不憫に思い、それを幾分かなりとやわらげるために、豪奢な騙し絵風のボディペインティングを施してやったのだろうか。

ナポレオンフィッシュ［写真提供：海遊館（「太平洋」水槽）］

錦鯉　I

初夏の晴天の一日、妙心寺を訪ねた。

入口で寺の平面図を見ると、四面を東西南北の方位に合わせたほぼ正方形の広大な敷地に、中央の大伽藍を取りまいて、四十余りの小寺院（塔頭《たっちゅう》）が配置されている。まるで城壁に囲まれた小都市のようだ。南総門からはいり仏殿、仏堂、大方丈と過ぎて、高い築地塀に沿って石畳の道を歩く。ほとんどの塔頭は非公開であり、塀越しに瓦や萱葺《かやぶ》きの伽藍の屋根と、きれいに刈りこんである庭木のてっぺんを眺めることしかできない。石畳の道は塔頭と塔頭のあいだをめぐり、角で突然直角に折れては視界を閉ざす。道はすべて直線でありながら、いくえにも複雑に折れ曲がって奥へ奥へとつづいている。どの道を行っても白い築地塀と白い石畳に激しい陽が照り返しているだけの景色が繰り返され、時刻は正午を過ぎたばかりで影はあくまで短く、太い輪郭線となって物を色濃く縁取っている。歩めば歩むほどに白昼夢へと深く分け入っていくような感覚がわたしをとらえ、この整然たる迷宮が、同時に禅の教義に則った三千世界のミニアチュアでもあるかと思えてくる。まばゆさに目は痛み、暗がりや涼しい木蔭を求めて視線はむなしくさまようが、それらは築地塀の内側、閉ざされた庭のなかにしかない。

ようやく北東のはずれで、桂春院という寺がひっそりと門戸をひらいているのに行き当たる。なかにはいるとそこは別世界で、簡素な書院の座敷から見る鬱蒼とした庭が、乾ききっていたわたしを潤してくれる。緑濃い木々、湿った黒い土を覆う銀色の獣皮のような苔と、その上に落ちる光の網目に、わたしは飽くことなく眺め入る。

くつぬぎにあった下駄を履いて庭に降りていくと、木立になかば隠れた小さな池がある。木漏れ日が水面に斜めに射しこみ、池の底を透明な鼈甲《べっこう》色に明るませているなかを、肥った数匹の錦鯉がゆっくりと重たげに旋回している。陶器のような白に牡丹色のぶちのはいったもの、赤と黒の色目がこまかく混ざりあったもの、乳白色で背中の大きな鱗が淡い金に縁どられているものなど、水のなかを動いていく彼らの多彩な模様の上に、木漏れ日の不定形なまだら模様がかぶさり、半透明のスクリーンをいく枚か重ねあわせて動かしているかのような、色とかたちの複雑な戯れを現出させる。

木漏れ日は水をくぐると、太いのや細いのや、いく本もの金色の透明な柱となって斜めに立ち、その内部を水の微細な濁りがキラキラした光の粒になって無数に舞っているのが見える。柱は不動だが、雲の動きにつれて陽が翳ると輪郭は薄らいでいき、やがて灰色の水のなかに溶けて消えていく。しばらくして雲が切れ、陽が射しはじめると柱はふたたび姿を現わし、池の底のやわらかな泥の上に飴色のまだら模様をくっきりと浮かびあがらせる。そんなふうに水のなかはいたって静かなのだが、水面は池のはたに組まれた岩場から落ちる小さな滝によってたえまなく掻き乱されている。浮かんだ落ち葉はくるくると池をめぐり、光は一面金色の鋲《びょう》を撒いたようにさざめき、そうしたいっさいの動きが水の下の静謐な世界とめざましい対照をなしている。林立する柱は不動でありながら実在せず、鯉たちの太い胴がこともなげにそこを突っ切っていくたびに、彼らの雪花石膏のようなもっちりと艶めいた肌の上を、輪切りにされた光の斑がたゆたい流れる。光はこうして池のなかをいくえにも輻輳し、行き当たりばったりに無限の変容を繰りひろげているようでありながら、じつはすべてはあらかじめ定められ、あらゆる複雑微妙な動きも、廻り灯篭のようにおなじ光景を長い周期で反復しているにすぎないのかもしれず、明るい池を庭と築地塀が囲み、それを都市にも似た大寺院が擁し、さらにそれを京都の町並みが取りまき、さらにその外に世界が、そして無限の宇宙が存在しているのだが、極端と極端は接しあうのが常であるから、この小さな池のなかに全宇宙が凝縮されているのであり、池を覗きこんでいる自分は、同時に一本の透明な光の柱のなかで舞っている埃のひと粒でもあると感じられて気が遠くなる。

錦鯉　II

「なあ、きょうおれんち遊びにこいや」

放課後、同級生のセイジが声をかけてくる。

「え、これから？」

思いがけない申し出に、胸がどきどきしてほっぺたに血がのぼってくる。うれしくて、というわけではない。転校してきて日が浅く、友だちもいないぼくにとっては願ってもない誘いのはずなのだけれど、なにしろいわくつきのやつなのだ。

「いちど家に帰らないといけないしなあ」

ぼくは用心しいしい、あまり乗り気でない口調で言う。

「きみんちって、たしかぼくのとこと反対方向だろ」

「ええやんけ、帰りは車で送ったるさかい」

セイジは鷹揚に言う。彼をめぐる噂の核心は、父親がヤクザ、それもけちなチンピラとかじゃなくて、なんとか組の幹部だということだ。豪邸に住んでいて、庭の池には一匹何十万もする錦鯉を飼っている、などとまことしやかに囁かれている。車というのは黒塗りのベンツだろうか。もしかしたら、見たこともないようなとんでもないやつかもしれない、ドアが天井についてる、みたいな。そう思うと恐いもの見たさでちょっぴり行ってみたい気もしてくる。

「なあ、ええやろ、家にはおれんちから電話しといたらええ」

セイジ自身はとくに暴虐な性質というわけではなくて、体格も小さいし、むしろ授業中は目立たない生徒だ。ぼくに声をかけてくるぐらいだから、あまり友だち付き合いもないのだろう。だが油断は禁物だ。彼の背後にひしめくおびただしいならず者たちの幻影がぼくを圧迫する。父親にひとこと告げ口されたらおしまいだ。ぼくは結局ついていくことにする。すこし離れたところにいたクラスメートたちが、やりとりに耳を澄ませていたらしく、へんな笑いかたをしてぼくたちを見送っている。

セイジは前に立ってさっさと歩いていく。押し切られてしぶしぶ、というぼくの態度に機嫌を損ねたのかもしれないと心配になり、あわててあとを追う。

「ねえ、きみんちでなにして遊ぶのさ」

「おもろいもん見せたる」

「おもしろいもんって？」

「きたらわかるがな」

セイジは不敵な笑いを浮かべ、それ以上言おうとしない。ぼくの胸はいよいよ不安に締めつけられる。

ぼくたちは広い通りを山側に向かって折れ、急な傾斜の坂道を登っていく。引っ越してからこのあたりに足を踏み入れるのははじめてだ。ぼくは目をまるくしてきょろきょろと左右の家を眺める。どっちを向いても立派な家ばかりだ。純和風の古いお屋敷があれば、しゃれた煉瓦造りの洋館があり、ガラスとコンクリート打ちっぱなしのやたらモダンな建物が混じっていたりする。意地でも隣に負けまいと家どうし競っている感じだ。それぞれに広い庭がついていて、塀越しに高く生い繁った庭木や、手入れのゆきとどいた芝生が見える。

「まだだいぶかかるの」

「すぐそこや」

前方を見やると、山ぎわのひときわ高いところに、巨大な石垣に乗っかったグロテスクな建物が周囲の家々を見下ろしている。石垣の上ではさらに鉄柵がぐるりと建物を囲み、槍の穂先のように尖った無数の先端がぎらぎら陽に輝いている。三階建ての建物はいったいどういう様式なのかてんでわからない。石垣は日本のお城然としているが、恐竜の背中みたいに反り返った黄色い瓦屋根は中国っぽいし、二階に張り出したばかでかいテラスはどう見てもコテコテの洋風だ。とにかく無理に無理を重ねたというか、なんともいえずごちゃごちゃして不吉な印象だ。どうかあのうちじゃありませんように、とぼくは祈るような気持ちで歩いていくが、もちろんそこが予想通りセイジのうちなのだ。セイジは石垣のふもとの門の前で立ち止まると、

「ここや」

とぼくをふり返ってにやりとする。

「え、この家なの、すごいなあ」

ぼくはかすれた声で言う。

「おれや、友だち連れてきたで」

セイジがインタホンに呼びかけると、檜造りの両開き扉が内側に向かってしずしずとひらく。なかにはいると長いコンクリートの階段がつづいていて、元気よく駆けあがっていく彼のあとを、ぼくははあはあ息を切らして登っていく。登りきったところは和風の庭で、目の前に池がひろがっている。そのとき、澄んだ水の下をすっと緋色の影がよぎる。噂に聞く錦鯉だ。ぼくは足を止めて水のなかを覗きこむ。赤白のぶち模様の鯉がゆっくり泳い

でいる。池の中央にはド派手な朱色の太鼓橋がかかっていて、その下にも何匹かもぐりこんでいるのが見える。

「きれいな鯉だねえ」

「おれにいちばんなついてるんや。おれが手ェぽんぽんとたたいたら、すぐ寄ってきよる」

セイジは言う。

「いつもおれがエサやってるさかい、ほかのやつがたたいても知らんぷりや。鯉は耳がええからちゃんと聞き分けるんやで。おまえ、ためしにやってみ」

ぼくはおそるおそる二、三度かしわ手を打つが、水面にはなんの変化も起こらない。大きく両手をひろげ、力いっぱい打ちあわせてみてもおなじだ。ぼくは内心ほっとして、シンバルをもった猿のオモチャよろしくパチパチやってセイジのご機嫌を取る。

「じゃあ、こんどはきみ、やってみせてよ」

セイジは池の正面に仁王立ちになると、気取った物腰でぽん、ぽん、と軽く手を打つ。すると鏡のようだった水面がにわかに騒然となり、池のあちこちからきらめく色とりどりの筋を引きながら、鯉たちがまっすぐこちらに向かって押し寄せてくる。最初に岸辺に到着した一団の背に、つぎの一団が衝突して乗りあげ、さらにつぎのがという具合に、たちまちぼくたちの目の前には、数十匹の赤や金やブロンズ色のむちむち肥えた胴がひしめきあう。彼らはいっせいに大きな口をあけてエサをねだっている。

「な、言うたとおりやろ」

彼はぼくを優越感に満ちたまなざしで見やると、そばの棚からエサを取り、まるい粒々を手づかみにして、沸き立つ色彩の渦のなかに無造作にばらまいていく。鯉たちの狂騒にはいっそう拍車がかかり、尾びれをびちびちふり立て、なかば空中に身を乗り出して粒々を貪欲に奪いあう。

「へえ、すごいな」

ぼくはその迫力にすっかり感心してしまう。

「ねえ、ぼくにもやらせてよ」

「あかん。へんなクセつくし」

「ちょっとだけならいいだろう。頼むよ」

「ふん、そんならおれと勝負しよか」

彼はずるそうな笑いを浮かべる。

「え、勝負って」

「エサを手にもったまま鯉の口に近づけてって、ぎりぎりまで放さへんかったほうが勝ちや。ほら、こんなふうに」

彼はエサをひと粒つまみ、池のはたにしゃがんで、水面からせり出している一匹の口めがけてゆっくりと下ろしていく。口のなかに指先が触れそうになってエサを放すと、鯉はばしゃん、と大きな水しぶきをあげて身をひるがえす。

「こんどはおまえの番や」

「鯉って歯、生えてないよね」

ぼくはまだらのひときわ大きいやつに狙いを定めて、おっかなびっくりエサをさし出す。目の前にぽっかりと暗い乳色のトンネルがひらく。見つめているとからだごと吸いこまれていきそうだ。ぐずぐずしていると、じらされた鯉は仲間たちを踏み台にして身悶えしながら伸びあがってき、ぼくは思わずきゃっと叫んでエサを取り落としてしまう。セイジは腹をかかえてげらげら笑う。

「いまのは、なし、手がすべったんだ」

ぼくはむきになって言う。ここで臆病者と思われたら、永久に手下にされてしまう。ぼくは手のなかにエサを何粒か握りしめ、トンネルに向かってしゃにむに突進する。そのときふと、鯉はのどの奥に強力な歯をもっていて、それで固いものをすりつぶす、とどこかに書いてあったのを思い出す。でももう遅い。ぼくの握りこぶしはすでに手首あたりまで鯉の口にずぶずぶめりこみ、濡れた絹のような冷たい肉にぴっちりとはまりこんでしまう。

セイジはぽかんと口をあけて見ている。こんどはぼくが優越の笑みをもらす番だ。だがじつのところそんな余裕は全然ない。パニックに陥った鯉は狂ったように跳ねまわるが、手はどうしてもはずれない。それでも痛みはなくて、痺れるような無感覚のうちに先っぽから溶けていくみたいだ。なんとか引きぬけたとしても、もうもとの手ではなくなっているにちがいない。視界がすうっと青ざめていく。

ニシキテグリ

極彩色のベビードレスを着て踊るひょっとこ。

ニシキテグリ［写真提供：鳥羽水族館］

夜になると電車の窓は外の景色を映すのをやめ、大きな鏡の箱になる。女たちはそれまでひとしきりいじくっていた携帯電話をバッグにしまい、かわりに布やビニール製のポーチを取り出す。お出かけのためのお化粧タイムのはじまりだ。彼女たちは校則で持ち物をことこまかに決められた女子高生みたいに、バッグのなかにみんなおなじものをもっている。携帯電話に化粧ポーチ、レディースコミック雑誌、食べかけのスナック菓子の袋、口臭予防のキャンディーにコンドーム。ポーチのなかの化粧品の種類や化粧道具も似たりよったり。手はじめに、プラスチックの鏡の蓋をぱちんとひらいて膝の上に置く。鏡の箱の内部でさらに小さな鏡が繁殖する。それがとても危険なんだってことに、みんなはまるで気づいていない。お母さんはいつもうるさく言っていた。手鏡はかならず伏せて置きなさい。三面鏡は使ったあときちんと閉めておくこと。鏡の角度をいろいろに変えて遊んだりしちゃだめ。身だしなみは大事だけど、鏡をなめるように見ちゃいけない。鏡は罠だから、捕まったが最後、四六時中身をやつすことしか考えられなくなる。そうなったら女はおしまいだよ。電車のなかはおしまいになった女たちだらけ。女たちは委細かまわずポーチからいろんな道具を引っぱり出して、もはや化粧というよりも、ちょっとした外科手術みたいな複雑な作業に取りかかる。

わたしの正面に腰掛けている白くむくんだ顔の女の子は、ひとえまぶたを二重にしようと悪戦苦闘している。わたしはその手順を注意深く見守る。幼いころ台所でお料理するお母さんの手つきを、なにひとつ見落とすまいとじっと見ていたときのように。お母さんは、とん、とお魚をまな板に寝かせて、布巾で水気とぬめりをきれいに拭き取り、包丁を直角に当てて手ばやく鱗を掻き取っていった。薄い透明の鱗が手品のようにぱらぱらと浮きあがってくるのがおもしろくて、ねえ、わたしにもさせて、とせがんでもけっしてさせてくれなかった。見なさい、注意深く観察しなさい、見ていれば半分は覚えたのとおなじことだから。お母さんは威厳に満ちてそう言ったものだった。

女の子は接着剤みたいなチューブの先端をまぶたに押しつけて、透明な液体を搾り出しながらゆっくりとカーヴを描いていく。そのあとを小指の爪の先でぐっと奥に押しこむと、赤ちゃんの肌にあるみたいな小さなくびれができあがる。彼女はぱちぱちまばたきしながら鏡に向かって笑みを作り、肉の引きつれ具合をたしかめる。出来ばえはいまひとつだったらしく、すぐに笑いを引っこめると、人差し指をつばで濡らしてまぶたをこすり、引いたばかりのラインを鼻クソみたいに黒くまるめて、また一からやり直す。電車の揺れで手もとが狂うのか、女の子は鼻にしわを寄せて鏡をにらみ、根気よく何度も何度もおなじ手順を繰り返す。やっとのことで満足のいくまぶたを手に入れると、こんどはまるい容器のキャップをあけて人差し指でなかみをすくいあげ、細い目の周囲に丹念に塗り伸ばして、ナメクジの巣のように銀色にぬらぬら光らせる。おつぎは刷毛にたっぷり粉をまぶし、下ぶくれの頬っぺたに斜めにオレンジ色の紋を丹念に描きこんでいく。唇にピンクのルージュを引いて、しあげは金ラメ入りのリップグロス。上下の唇を左右に動かしながらぐりぐりこすりあわせ、何度かぱくぱく開け閉めしてから、最後に鏡に向かってにっと歯をむき出して笑いかけ、こうして首尾よく色あざやかなモンガラカワハギへと変身を遂げる。

おなじ座席の端ではもうひとり、年かさの痩せこけた女の人がビューラーでまつげを反り返らせている。すこしでも目をぱっちり見せるために、生えぎわまでしっかりとはさみこんで白目の奥まであらわにしながら。向かいの席のおじいさんが、ビューラーなんて見たことがないのだろう、あんぐり口をあけて女の人の顔を見てる。恐いもの見たさで、わたしもその裸の目から視線をそらすことができない。いっしょにお風呂にはいって、お母さんが湯船をまたぐとき、両脚のあいだの暗がりにどうしても目が行ってしまうみたいに。

目はナイフでこじあけられた大ぶりの生牡蠣そっくりで、ふるふる震える白い腹がいまにもこぼれ落ちそうだ。王妃になるためにかかとの肉を切りとったシンデレラの姉たちのように、痛みにひどく鈍感な彼女たちは、目を大きくするためなら目尻を剃刀ですこしばかり切りひらくことさえするだろう。

女は痛みにとても強いの。昔の女の人はことに我慢強かった。お産のときに痛がって泣いたりわめいたりする女は軽蔑されたものよ。いまどきの若い人はそりゃあ見苦しいって、産婦人科の助産婦さんたちが嘆いているらしいわ。お母さんはそう言った。わたしは訊いた。お母さんはわたしを産んだとき痛くなかったの？　そりゃあ痛いわよ、女にとって命がけの、たいへんなことなんだから、身ふたつになるっていうことは。それを我慢しておもてに出さないのがたしなみというもの。身ふたつになる——なんて恐ろしいことば。つまり、その前わたしとお母さんはひとつに溶けあっていたというわけなのね。白い布を血が滲むほどきつく噛んで、苦痛をこらえているお母さんの顔が目に浮かぶ。わたしを自分から引き剝がすために渾身の力をこめて。

女の人がビューラーをはずすと、さんざん痛めつけられたまつげは、貝殻の縁にこびりついた藻屑のように縮れてしまっている。でもこれからが腕の見せどころ。小さな櫛で毛並みを整えたあと、蝿の触覚みたいなマスカラのブラシでいくども撫でつけて、タール状の枝葉をふんだんに繁らせていく。仕上げに青く光る粉をはらりとふりかけると、顔の前に一対の立派な突起物が完成する。あとはそれをゆらゆら揺らして青い光の糸を引きながら、じっと獲物を待ち伏せるだけ。

車両のあちこちで女たちは、鉛筆形のアイライナーで隈取りをしたり、毛抜きで眉毛を抜いたり、紅筆で唇の山を描いたりと、てんでばらばらな作業に没頭しているのだけれど、みんなに共通してるのは、口をぽっかりまるくあけているということだ。しゃべるためでなく、叫ぶためでなく、食べるためでもなく、ただ水のなかの魚のように。口をぽかんとあけてちゃだめ、人はあんたのことを頭の足りない、ふしだらな女だと思うよ。そうでなきゃひどい蓄膿症だと。食べるときでも大口をあけないこと。噛むときはもちろん口を閉じること。くちゃくちゃ音を立てないようにね。お母さんにいつも注意されていたので、わたしは自分がちゃんと口を閉じているかどうか、こっそりたしかめる癖がついた。でもここにいる女たちが、みんなばかだったり蓄膿症だったりするわけじゃないと思う。むしろこれ以上ないくらいに真剣そのもので、全神経を指先に集中させて作業に打ちこんでいる。女は夢中になってわれを忘れると、口をあけてしまうものなんだ。

化粧っていうのはつまり、あれでしょ。スカートの下に隠してるものの再現ってわけ。口紅を塗ったりとかって、露骨にそうでしょう。男たちはにやにやして言う。人間の雌っていうのは直立歩行しはじめたせいで、生殖器が脚のあいだに隠れてしまったからね。そのぶん顔とか胸とかを強調しなきゃならないんだよ。セックスそのものの代わりに、セックスを表象するものが必要になったというかな。

そういうことだったの。まるで福笑いみたいに、あそこのパーツをばらばらにして、それを顔に並べていくのね。できるだけきれいに見せるように、きらきら光るパールの粉や、ピンク色の塗料で入念に飾りつけをして。暗がりにむりやり押しこめたものは、きっとどこかべつの場所からマグマのように噴出してくる。目とか、口とか、顔にあいた裂け目を通して。

あんたはかわいそうに、たいして器量よしには生まれなかったけど、それは考えようによってはさいわいなことなのよ。見た目ばかりを気にする女にならないですむからね。お母さんにそう言われていたことを思い出す。わたしはそんなに醜いのだろうか、電車のなかで猥りがわしく化粧しているこの女たちよりも？　お母さんはほれぼれするぐらい手ぎわよく魚をさばく。やわらかい腹に刺身包丁を突き立て、指をなかに差し入れて、赤黒いぬるぬるした内臓のかたまりを引きずり出す。わたしが将来もし子供を産むとしても、そのときお母さんにはそばにいてほしくない。じっと痛みをこらえていられるかどうか自信がないから。

外はどんどん暗くなり、車内はいっそう明るく照らし出される。ぬめぬめ光る極彩色の縞模様をゆがめて笑っているカワハギ娘、顔の前に青く光る擬餌を高く掲げて進むチョウチンアンコウ、レースやフリルやアクセサリーやらで満艦飾に膨らんだミノカサゴみたいな中年女性たち、それを岩蔭からなすすべもなく見つめているドンコやギギみたいにくすんだおじさんたち、座席にヒラメのようにぺったり貼りついて眠ったふりをしている若者たち、いっさいがっさいを詰めこんで、鏡張りの水槽が夜のなかにすべりこんでいく。

じゃあわたしは？　わたしひとりは人間の顔をしているはず。お母さんの言うようにたいしてきれいな顔じゃないにしても。でもわたしの下半身はすでに冷たくて硬い鱗に覆われてしまっていて、しかもそれがだんだん上のほうにひろがりはじめている。息が苦しいのは水のなかだからだろうか、それとも乳房の下あたりにまで鱗が這いのぼってきて、鎧のようにきつく締めつけるから？

お母さん、口をあけてもいいですか？　わたしはお母さんの言いつけ通り、人前で鏡のなかの自分に笑いかけたり、歯茎をむき出したりしない。まるで自分には顔なんてついていないみたいにふるまっているし、バッグからスナック菓子袋を取り出して、爪の先を脂で汚しながら食べたりもしない。でも口をあけないとおかしくなりそう、からだのどこかべつのところが破れてしまいそう。なにか言いたいことがあるなら、お言い。言っても言わなくてもどうでもいいことなら、黙っていなさい。お母さんがそう言ったので、わたしにはなにも言うことがなくなってしまった。でも、歌うのだったらいいでしょう、歌うために口をひらくのなら。人魚はとてもうつくしい声をしているっていう話だから、お母さんだってすこしは聞いてみたいと思うでしょう。わたしが歌いはじめると、水槽のなかの魚たちはみんなおとなしくなって、わき腹についた虹色の側線をうっとりとそばだてる。わたしの歌うメロディーに合わせて、外の闇がつややかにうねりはじめる。

肺魚たち

「夢のなかではわれわれは、われわれ自身を水中の魚同様に感じる。時おり、われわれは水面に顔を出し、岸辺の世界に一瞥を投じるが、餓《かつ》えたように急いで潜り込む。水の深みでのみ居心地がよいからである。この束の間の顔出しで、われわれよりも動きが遅く、われわれとは呼吸法の違う奇妙な生きものを見かける。それは全身の重みで地面に貼りつき、快楽を奪われている——われわれなら肉体に住みつくように快楽に住みついているのに……。なぜなら、水中では快楽と肉体とは一体不可分なものであるからだ。外にあるあの存在、あれもまたわれわれなのだ——それも、いまから百万年後の。そして、その長い年月は別として、われわれと彼らのあいだには恐ろしい不幸が存する、肉体と快楽とを切り離した報いで彼らの受けた不幸が……」

（ミロラド・パヴィチ『ハザール事典』工藤幸雄訳）

極太ウナギみたいな、ぬるりとしたのっぺらぼうの肺魚たち。沼地に棲み、退化したえらと未熟な肺の両方で呼吸している。雨の降らない夏季には泥で繭を作り、そのなかにまるまって眠る。細い胸びれの付け根にはちゃんと骨らしいものができているが、それは四億年もの昔にすさまじい重力に耐えて胴体を支え、陸の上に這いあがってきた仲間たちほどには発達することがなかった。進化の途上にあるもの特有の不恰好さからぬけ出せないままに、種として固定してしまった哀れな魚たち。澄んだ深みへと戻ることもできず、彼らは腐った植物や微生物の屍骸の堆積した泥のなかで一生を送る。長い夏のあいだ、ふるえる光の斑模様に身を染めつけて、緑の草蔭をカサコソと敏捷に走りまわる夢を見ながら。

まぶたをもたない魚たちは、眠りと目覚め、夢とうつつを分かつことなく、まどろみのうちに生き、まどろみのうちにつがい、まどろみのうちに死んでいく。水に全身を包まれ、口をまるくひらいてたえずそれを飲み、それによって養われる。彼らのからだが水という快楽の溶液を自由に通過させる器でしかないかのように。

わたしたちにとって快楽とは、羊水に浸っていた神話的な時代の追想であり、小さな裂け目を通じてわずかばかりの液体を痙攣的に交換しあうあの短い時間、わたしたちは局所的、擬似的に魚にならずにはいない。そして運さえよければ、女はひきつづき九か月ものあいだ、まるい鉢のなかで一匹の金魚を飼うように、桃色のやわらかな魚を育てることを許される。その間にもたらされる甘美さはたとえようもない。いつもいつもからだの内側からゆっくりと愛撫されているあの感じ。たとえ期間の最後に、めりめりと身をふたつに裂きながら、魚を血と水とともに乾いた土の上に流し出す運命が待っているとしても。

　だから原罪とは、アダムとイヴのはるか昔にさかのぼるできごとであり、花びらに似た小さなひれをわずかに動かすだけで、水のなかを切れ味のよいナイフのようにどこまでもなめらかに進んでいくという優雅きわまりない自由を捨てて、がに股で陸地によちよちと這いあがってきた醜いわたしたちの祖先が負うべき咎《とが》なのだ。彼らの犯したあやまちは無限に再演され、わたしたちは誕生の瞬間、あたたかな水から引きずり出され、やわらかい肺に棘のような空気を吹きこまれて、痛みと恐怖に泣き叫ぶ。

　いっぽうで、クジラやイルカやシャチといった、魚に巧妙に変装した獣たちは、夢から夢へと横すべりするように生まれてくる。熱く狭い闇のなかから、無辺際の冷たい大洋のただなかへと、いくらかのばら色の血煙と、泡立つ粘液とともにほとばしり出たのちも、彼らは依然としておなじ水という夢の物質を生きる。濃密な夢を見たあとで、しばしばもうひとつのより茫漠とした夢のなかに目覚めるように。屍となって海底深く沈んでいくときでさえ、死は彼らにとっては、いままでかりそめに与えられていた形象の、夢の物質それ自体への還元でしかない。彼らが真に目覚めるのは、甲板に引きあげられ、空の重みを全身に受けて断末魔の苦痛にあえぎながら、矮小な生きものたちがぎらつく刃物を手に、残忍な喜びに目を輝かせて周囲に群がり寄ってくるのを感じるときだけなのだ。

わたしたちを水ぎわへと誘い出したのは光だったのです。すべての誘惑がそうであるように、それは罠だったのですが。わたしたちは最初ほの暗い水のなかに生まれて、目もなく、皮膚もなく、自分がなにものなのか、塵やごみとどこがちがうのか、自分のからだがどこではじまりどこで終わるのか、まるでわかっていませんでした。そのうち表面に凹凸や小さな裂け目ができ、あたりのようすもぼんやりと見えるようになりました。からだのなかに袋のようなものができて、そこに自分たちよりも小さい生きものを吸いこんで、お腹をくちくすることも覚えました。やがてぶよぶよしていたからだに硬い芯ができ、そこから枝分かれして短い腕のようなものが生え、それをぎこちなく動かすことで、行きたいところに移動できるようになりました。

そんなふうにして長いこと平和に暮らしていたのですが、だんだん遠くまで見通せるようになり、泳ぐ力もついてくるにしたがって、頭上はるかに張りめぐらされている輝く網目模様が気になりはじめました。それはわたしたちの生まれるずっと前からそこにあったにちがいないのですが、以前はぼんやりとしかわからなかったのです。わたしたちは明るさを求めてすこしずつそれに近づいていきました。砕けてはまたつかのまのかたちを結び、一面金色にさざめくさまは、わたしたちの遠縁である衣装自慢のクラゲたちでさえ足もとにもおよばない美しさでした。それは一定の周期で輝きを増したりかき消えたりし、またときおりばら色や虹色に変化してわたしたちの心を奪いました。結局わたしたちの暮らしはすべてその周期に支配されていたのです。金色の網が輝くと周囲はぼんやり明るくなり、わたしたちはいそいそと餌を探したり、仲間どうし追いかけあったりし、消えてしまうと闇のなかにじっとひそんで、ふたたびそれが現われ出るのをひたすら待ちました。向こう見ずの者たちは仲間を捨て、金の網をめざしてどこまでも上昇していったものでした。近づけば近づくほどまばゆさに目はくらみ、水温があがって呼吸も苦しくなるので、ある者は途中であきらめて暗い深みへと引き返してきました。戻ってこなかった者たちは、おそらく金の網にかかって死んでしまったのだろう、とわたしたちは妬みと恐れの入り混じった気持ちで噂しあいました。それからまた長い長い年月が、何億年もの年月がたったのです。

そのあいだにもわたしたちはすこしずつ浅いところに棲むようになり、光の網に近づいていきました。そしてある日、準備は十分に整った、もうこれ以上は待てない、という気持ちになりました。わたしの目は以前ほど無防備ではありませんでしたし、薄い膜のようなまぶたによって、強すぎる光を遮るすべを身につけていましたし、前後左右の四枚のひれも、たとえ網に捕えられたとしても、なんとかそこからもがき出るだけの強靱さを備えていると思われました。そこでわたしは敢然と上をめざしました。無我夢中だったので、いったいいつきらめく輪をくぐりぬけたのか、さだかではありませんでした。気がつくと、固い地面の上で光の洪水に身をさらしていたのです。体内をゆっくりとめぐっていた冷たい血は一瞬にして真紅に沸き返り、幾千もの刃のような光がやわらかな皮膚を切り裂きました。恐ろしい重みが上からのしかかり、わたしは息もたえだえに横たわっていましたが、いま何億年もの長い夢からようやく覚めたのだということがわかりました。傷ついた皮膚は以前のすべらかさを失い、からだも平べったくひしゃげてしまったので、もう二度と水のなかへ戻ることはできないのだと知って、わたしは嘆き悲しみました。そのとき目から数滴の水が湧き出て顔を濡らし、それは以前からだを包みこんでいた水とおなじ味がして、心を慰めてくれました。わたしは水をすべて失ってしまったわけではなかったのです。それはちゃんとわたしの内部に、わずかとはいえ蓄えられていたのです。

じきにちゃんとした固いまぶたが生えてきたおかげで、夜のあいだそれを閉じさえすれば、故郷に帰れるのだということを知りました。そのときわたしのからだは優雅な流線形を取り戻し、内なる水へと解き放たれて、小さな花びらのようなひれを動かしつつなめらかな水脈を引くのです。

　ぼくの手はお風呂に浸かりすぎたあとみたいにふやけて白っぽくなり、ふわふわして力がはいらない感じだったが、さいわい五本の指はなんとかもと通りに動かすことができた。

　このぶんでは家のなかにはどんな恐ろしい罠が仕掛けられているか知れたものではない。ぼくは家にあがらないですむ口実をいろいろ考えてみる。だが思いつけないでいるうちに、セイジは「ほな行こか」と声をかけて、さっさと家のほうに歩き出す。

「きみの言ってたおもしろいものって、鯉のことだったんだろ。だったらたっぷり見せてもらったし、ぼくやっぱり帰るよ」

　力ない声でぼくは言うが、

「鯉なんか、めずらしないわ。いいからあがれや。遠慮すんな」

　セイジは教室とはうってかわった強引さでぼくの腕をつかみ、うむを言わさず家へと引っ張っていく。

だだっ広い玄関を上がったとたん、ぎゃっと叫びそうになる。座敷の入口のところで、一頭の虎がぎらぎらした黄色い目玉でぼくをにらみ据え、鼻にシワを寄せて赤い口をカッとひらいているのだ。

「……ああ、びっくりした。これって、もしかして本物？」

「ぬいぐるみとか置くわけないやろ」

セイジは余裕をかまして言う。びびってしまったのを取り繕おうとして、近づいて頭を撫でてみせるが、

「触ったらあかん。おもちゃにしたらお父さん怒るねん」

とセイジに言われて、火傷したみたいにあわてて手を放す。

「セイちゃん、友だち連れてきたんか」

声がしてふりむくと、いつのまにか奥から出てきた髪の長いきれいな女の人が、ぼくをじろじろ眺めている。ぼくは緊張してあいさつしようとするが、彼女はそれきり興味を失ったらしく、すぐに顔をそむけてしまう。からだにぴったり貼りついたショッキングピンクのTシャツ、大きくあいた胸もとには銀色のビーズの縁飾りがついていて、肌は透き通るように白い。

「なあ、応接間行ってもええやろ」

「ええけど、お菓子のクズやら、散らかさんといて」

彼女はものうげに答えると、ついと奥に引っこんでしまう。ぼくの鼻先を粉っぽいような甘い香りがふわりとかすめる。

「いまの人、きみのお姉さん？」

「んなわけないやろ、おかんや」

セイジは鼻先でふん、と笑う。

「えっ、うそ、若いね」

ぼくは言って顔を赤らめる。セイジの母親にしては不自然なほど若いし、顔もぜんぜん似ていない。たぶん彼には母親が何人もいるのだ。ぼんやりと焦点の定まらない、間隔のひらいた黒目がちの目、肌の病的な白さ、きっと服に隠れている部分はあちこち青紫色のあざになっているにちがいない。セイジの父親が毎晩注射針を突き立てているのだ。ぼくの頭をおどろおどろしいイメージがぐるぐるまわる。

それにしてもセイジは、わざわざ応接間に連れて行ってなにを見せようというのだろう。ひょっとして拳銃？　相手をぬきさしならない立場に追いこみ、さんざんいたぶったあげく屈辱感と抱き合わせで忠誠心を植えつける手くだは、父親仕込みにちがいない。ぼくの運命はふたつにひとつだった。危険に敢然と立ちむかって破滅するか、それとも腰ぬけとして軽蔑され、以後永遠に手下にされるか。

応接間は二十畳ほどの広さの洋室で、紫色の分厚い絨毯が敷きつめられ、いかつい黒の革張りのソファセットがどんとまんなかに据えてある。壁にはみごとな枝角を生やした雄鹿の頭部の剝製。このあたりまでは予想の範囲内だ。ぼくはいそいであちこちに目を走らせて、セイジがなかから拳銃を取り出してみせるはずの金庫や、切れ味を試すよう迫るにちがいない日本刀が、部屋のどこにあるのか確かめようとする。だがそれらしいものは見当たらず、壁ぎわに離して置いてある大きな水槽がふたつ目につくばかりだ。片方には熱帯魚にしては地味な、灰色にぼんやり赤みを帯びた丸っこい魚が数匹、水中でじっとしているのが見える。ぼくをひきつけたのはもう片方の水槽だ。小さなかわいらしい金魚が群れをなして元気いっぱい泳いでいる。それを見るとなんだかほっとして、すべてはばかげた妄想だったと笑い出したくなる。

ぼくが金魚に近づいて熱心に見ていると、セイジが言う。

「おまえ、金魚すくい好きか」

「え、まあ、小さいときはよくやったけどね」

そう答えると、セイジはにやっと笑い、サイドボードの引き出しから、プラスチックの枠に薄紙を張った金魚すくいと、小さな金属製のボウルを出してきてぼくに手わたす。

「ほな、やってみろや」

「え、ほんとにいいの」

「ええよ、紙が破けるまで、何匹捕れるかやってみ。おれの記録は十二匹や」

「また勝負か」

　ぼくはちょっと警戒するが、そういう勝負なら喜んでしてもいいと思う。小さいころ近くの神社の境内に並ぶ夜店のなかで、金魚すくいの屋台がいちばん好きだった。裸電球の光を浴びて無数の金魚たちがいっせいにひれをふり立て、水面を朱と金にさざめかせていた、あのうっとりするような光景が蘇ってくる。

「おれはええ、もう飽きてしもた。おまえ、好きなだけやってええで」

　彼は水槽のプラスチックの蓋をはずすと、ステップのついた足台を部屋の隅から運んできて、水槽の横に置き、

「これに乗ってやれや」

　と気味の悪いくらいやさしい声で言う。

　なんだかおかしな具合だ。だがすでにぼくはやる気になっている。金魚たちのほとんどは朱一色の小赤というやつだが、なかには紅白にきれいに色分けされたコメットや、青い斑点をこまかに散らしたシュブンキン、それに絹のようにつややかな黒デメキンも何匹か

混ざっている。

手はじめにいちばん小さいやつをすくってみる。紙の上でぴちぴちと跳ねる感触が手に伝わってくるなり、ぼくは夢中になる。屋台の水槽とちがって水に深くくぐらせないといけないので、紙はすぐにふやけ、二匹目をすくおうとしたところで破けてしまう。ぼくはセイジの嘲弄を覚悟するが、セイジは新しいやつを手わたして鷹揚に言う。

「なんぼでもあるから、じゃんじゃん使えや」

それなら、とぼくはもうすこし大きなやつにチャレンジしてみることにする。屋台でもいろどりにシュブンキンやデメキンを混ぜてはいたものの、小赤の二倍以上も太い胴を薄紙がもちこたえるはずないので、しかたなく小赤ばかりすくっていたものだ。ぼくは赤白青のモザイク模様のキャリコに目をつける。リュウキンとおなじ体形で、くびれた胴から三つに分かれた長いフリルのような尾びれをゆらゆら揺らしている。まだ小さいけれど、それでも小赤よりはずっと大きい。

キャリコは泳ぐのが早くない。ぼくはじきに水槽の隅に追いつめるが、すくおうとしたとたんに、紙はまんなかから破れてしまう。

「おまえ、えらいそれが気に入ってるみたいやな。おれが代わりにすくったろか」

二回失敗したところで見かねたセイジが口を出す。

「いや、いい」

　ぼくはすこしむきになって言う。

「そんなら、ふたつ重ねてやってみ。枠をちょこっとずらしてその上に乗っけるようにするんや」

　セイジの親切な忠告にしたがって、ぼくは首尾よくキャリコをすくいあげる。キャリコはまるい真珠色のお腹をあおむけて、長い尾びれをだらりと垂らし、観念したようにぼくの目の前に横たわるが、金ダライに放してやるとうれしそうに身をふるわせて、また優雅に泳ぎはじめる。

「もっと取ってええで」

「ありがとう」

　ぼくはすっかりすなおな気持ちになって言う。それからさらに小赤を数匹と、濃い紫のデメキンを一匹すくいあげる。すくいながら、もしかしてセイジはこれをぼくにくれるつもりなんだろうか、と考える。まさかな、でもこんなにたくさんいるんだし、親分風を吹かしたい彼にしたら手ごろな土産といったところだ。もらうべきだろうか。断ったりしたら、かえって気を悪くするかもしれない。それになによりも、自宅の机の上に小さな水槽を置いて、このつやつやした生き物を毎日眺めるという考えがぼくを魅惑する。

「もうそれぐらいでええやろ」

セイジが声をかける。

「あと一匹だけ」

ぼくは最後に欲を出し、赤い帽子みたいなくっきりしたぶちを頭につけた、乳白色のすばしこいコメットを追いまわして、なんとかつかまえることに成功する。

「これ、どうするの、水槽に戻すかい？」

ぼくはなにげないふうを装って言う。ええよ、もって帰れや、という答えを期待して。

「あかんあかん、戻したら。いまからピラニアの餌にするんやから」

セイジはにやにや笑う。

「えっ、ピラニア？」

一瞬なんのことか理解できない。

「ピラニアって、あのピラニア？」

川を渡る牛や馬を襲って骨だけにしてしまうというアマゾンの人喰い魚については、もちろん知ってはいたが、実物を見たことはいちどもなかった。ぼくはようやく事情を理解する。部屋の隅のもうひとつの水槽では、ずんぐりした不吉な魚たちがさっきから餌を待ちわびているのだ。

「ピラニアは生き餌をやらんとあかんからな。いつもペットショップから大量に金魚を買うてるんや」

セイジはボウルをぼくから取りあげ、縁に手を添えて水だけ水槽に戻してから、ピラニアのところにもっていく。ぼくはこのときはじめてピラニアたちをまぢかに見る。錆びた鉄色のからだは遠目には地味だが、こまかな紫や銀のラメをちりばめてメタリックな輝きを放っている。動きは鈍くてほとんど静止しているといってもいい。への字に結んだ口は意外に小さく、肉厚の受け口の唇の下で用心深く食いしばっている細く鋭い歯が見える。頑固で欲深なばあさんみたいな顔つきだ。つぎに、セイジが手にしているボウルのなかを見る。わずかに残った水のなかで、横向きに重なりあった金魚たちが目をむいてぴちぴち苦しげにのたうっている。水しぶきがぼくの顔にかかる。

「だって……もったいないだろ。小さいのはともかく、そのキャリコとか、お店で買えば高いよ」

ぼくはすこしばかり自分の声がふるえているのを意識する。

「かまへん、またなんぼでも配達してきよる」

セイジはそう言って、さぐるようにちらりとぼくの顔を見る。命乞いするならいまだ。ピラニアに食べさせるぐらいなら、ぼくにおくれよ、というせりふが喉まで出かかってい

ピラニアナッテリー［写真提供：鳥羽水族館］

る。せめてキャリコ一匹だけでも。熱心に頼めば、彼はたぶん聞き入れてくれるだろう。

「おまえ、やりたいんやったら、やらしたるで」

セイジが言う。

「いや、遠慮しとくよ」

ぼくは笑顔を浮かべようとするが、うまくいかない。

「ほな、いくで、よう見とけや」

セイジはひと息にボウルの中身をあける。

バシャバシャッと激しい水音がして、水槽のなかはミキサーにかけたみたいに一瞬真っ白になる。しばらくして濁りがおさまっていくと、なにごともなかったように水中に静止しているピラニアたちの姿が見える。彼らの周囲をこまかな肉片や鱗が宝石屑のようにキラキラ輝きながら、ゆっくりと舞い落ちていく。

ピラルク

成長すれば四メートルにも達するという世界最大の淡水魚、ピラルクたちは、〈エクアドル熱帯雨林〉と名づけられた水槽のなかを、身をくねらせながらゆっくりと旋回している。緑青を吹いた青銅の鎧に全身を覆われて、重厚そのものの印象だ。ひしゃげた頭部には、腐蝕によってできたような浅い凹凸や溝が一面に刻まれている。鱗は一枚が靴べらとして使われるほど大きくて分厚い。鱗のふちは紅にいろどられ、その発色は尾に近づくにつれて鮮やかになり、尾びれはほとんど紅一色に染まっている。これほどまでに重たげな量塊が宙に浮いているという事実が、そこに満ちている水という物質――もちろんアマゾン川から汲みあげてきたわけではない、そこいらの水なのだろうが――の比類のない重さをきわだたせている。

エクアドルはスペイン語で「赤道」のこと。大航海時代、西欧が新しい世界をつぎつぎに発見していったとき、彼らは海を水平にまっぷたつに分かつ線を引いた。鋭利な刃物で切断した傷跡のように赤い線を。赤道は海だけでなく陸をも貫き、その場所にみずからの名を与えた。エクアドル、白い男たち《ビラコチャ》によって征服された処女地。蹂躙され、収奪されるのを待つまでもなく、赤い線に貫通されたときがすでに、死のはじまりであった土地だ。

ピサロとその騎兵たちに滅ぼされる以前、そこはインカ帝国と呼ばれ、太陽神を崇める敬虔な王によって治められていた。光の眩ゆさも、闇の深さもおなじように底知れない土地だった。石造りの堅牢な都市の点在するアンデス高地は、急角度の傾斜でなだれるように深い森へとつながり、いたるところに精霊たちが棲んでいた。王とその神官たちは、空に最も近い太陽神殿の祭壇に日々供物を捧げることを怠らなかった。十六世紀、彼らは都市の他の住民ともども征服者《コンキスタドーレス》たちによって殲滅されたが、彼らの流したおびただしい血はアンデスの急流に注ぎこみ、はるか下流へと流されたのちに、真昼でも暗い密林の沼地で、もの言わぬ魚たちへと転生した。

住民や奴隷たちは、生前の身分に応じて大小さまざまのナマズやカラシンになり、王と神官たちはピラルクになった。そしていま彼らは故郷を遠く離れたこの水槽で、いにしえの日々の祭儀をふたたび執り行なっている。アマゾンの密林では、厚い葉叢から漏れるわずかばかりの日の光を受けて、錆色の鈍い輝きを放っていたにすぎなかった彼らは、いまや人工のぎらつく照明のもと、かつて神殿の頂上でふんだんに浴びためくるめく光を思い

ピラルク［写真提供：海遊館（「エクアドル熱帯雨林」水槽）］

出し、一枚一枚の鱗を真紅に燃えあがらせる。神の似姿たる仮面を先頭に掲げた無数のたいまつ行列が、祭壇をめざして練り歩いた遠い日を再現しながら。彼らは深い憂いをたたえた仮面の下から、通路の手すりに鈴なりになって見物しているわたしたちに向かって、くぐもった声でこんなふうに叫びつづけている。厚いガラスに遮られて、わたしたちにその声が届くことはない。

「いまこそ栄光を！　失われた栄光をいまこそふたたびわれらに！」

ホウボウ

瀬戸内海に棲む生きものたちの水槽にその魚はいる。細長い胴体はオレンジがかった朽ち葉色で、一見したところはふつうの魚だ。ただ、蛇腹にたたんだ薄茶色の胸びれを両脇にぞろりと引きずっている。

突然胸びれがいっぱいにひろがった。裏返されたそれは、目のさめるような黄緑に、燐光を放つ青色の水玉模様。二枚の巨大な翅となって風をはらみ、魚のからだを岩肌からふわりと浮きあがらせる。静止して花の蜜を吸っているときには目立たなかった蝶々が、色あざやかな裏翅を誇らしげに見せて飛び立つのとそっくりに。

胸びれをゆるやかに開閉し、青い光をちかちか明滅させて飛びまわるホウボウに目をとめて、子どもたちは口々に、あ、チョウチョみたい、おかあさん、チョウチョだよ、と歓声をあげる。いくら子どもたちが興奮しても、虫捕り網で追いまわされる心配はない。ホウボウは岩にへばりついているタコやイセエビ、霜降り模様のウツボたちを尻目に、かろやかに水槽を横切っていく。

　しばらくして着陸すると、こんどは翅の下についている、やはり蝶とそっくりの三対の繊細な脚をカサコソ動かして歩き出す。それは正確には脚ではなくて、胸びれの最下部の三本の筋が分かれて変化したものだという。蝶たちは脚先で蜜の味を知ることができるらしいが、ホウボウだって負けてはいない。彼らの脚の先端にもちゃんと味蕾《みらい》がついていて、砂のなかに差し入れて好物の小さな虫を探し出す。

　またホウボウにはべつの特技もある。浮き袋を収縮させて、ラッパのような大きな音を立てるのだ。蝶も鳥に襲われそうになると、翅をひろげて派手な目玉模様で威嚇したりするが、ホウボウはもうひとつよけいに武器をもっているわけだ。

　魚と昆虫と楽器のキメラであるホウボウは、正反対のものをいともかるがると結びつける。水と空気、地を這うものと空を飛ぶもの、生きものと人工機械……。それは地理的にも地球上の最も遠い地点とひそかに通じあっている。なぜならホウボウに一番似ているのは、ブラジルの密林を瑠璃色の光を波打たせながら飛ぶモルフォ蝶なのだから。アマゾン熱帯雨林の一断片が、暖かな瀬戸内の海に出現する不思議。たぶん極端にかけ離れたものどうしは、薄膜一枚を隔てて接しあっているのだ。ぷすんと針をひと刺しすれば、夢はうつつへ、うつつは夢へと裏返り、あいまみえるはずのないものが一瞬交錯して、奇妙きて

ホウボウ［写真提供：海遊館（「瀬戸内海」水槽）］

れつな形象が産み落とされ、両者のあわいを縫ってかろやかに舞いはじめる。

マンタ（オニイトマキエイ）

マンタとはスペイン語でマントのこと。日本名はオニイトマキエイ。最大のエイであり、エイの仲間としては例外的に、暖かい海を回遊する種族である。

エイといえば、白いお腹に笑い顔をぺったり貼りつけてひらひら水中を舞っている姿が思い浮かぶ（目のように見えるのは、じつは鼻の穴）。だがあのひらひらは舞うために発達したわけではない。海底近くに棲むようになったサメが、徐々にひらたく変形していったのがエイであり、薄くひろがったひれは、地面にぺったり伏せて周囲から身を隠すためのものなのだ。だから多くのエイたちの背中は、砂地に似た薄い茶色をしている。ところがマンタだけは海底を離れ、ひろい世界を放浪することになった。マンタの背中は深い海の色。昼間は光を受けてコバルト・ブルーに輝き、夜は漆黒の闇に沈む。マンタは地面に身を休めることはなく、眠っているあいだも泳ぎつづけている。風に飛ばされ、吹かれ吹かれて二度と地上に帰りつけなくなったマントのように。

オニイトマキエイ（マンタ）［写真提供：海遊館（「太平洋」水槽）］

マンタのからだはとても不思議なつくりをしている。正面に横長の巨大な口があって、その両脇に目がついている。目の下にそれぞれ細長いひれが垂れて、動きにつれて左右に揺れたり螺旋形にまるまったりするのが、ちょうどマントの両肩に縫いつけられた一対の肩章のようだ。真っ白なお腹にはコバンイタダキのアクセサリーをいくつもぶらさげている。お腹が空くと口をあけっぱなしにして、海水といっしょに流れこんでくるプランクトンを食べる。口はからだの奥深くにまで袋状にくいこんでいるので、口を大きくあけて泳いでいるマンタの姿は、まるで空洞そのものがマントを羽織っているようにも見える。口のなかを覗いてみると、プランクトンを濾し取るための箕の子状の歯が整然と並んでいるだけで、どこを見渡してもサメのような獰猛な牙も、ぬめぬめした暗い内臓のうごめきもなくて、すべては清潔な真珠色に輝いている。

中央に大きな袋を縫いこんだ、一枚仕立てのつややかなマント。わたしはそのマントに身を包むことを夢想する。体長三メートルほどのマンタの口は、わたしのからだをすっぽりおさめてくれるだろう。頭だけ外に出せば、すばらしい乗り物になるにちがいない。空飛ぶ絨毯ならふり落とされる危険があるけれど、空飛ぶマントならだいじょうぶ。なめらかな窪みに身を埋めて、流れこんでくる海水に全身を愛撫されながら、熱帯の海の眺めを心ゆくまで楽しむ、これ以上にすばらしい旅があるだろうか？

マンボウ

マンボウは深い円筒形をした水槽のなかで、大きな洗濯ネットみたいな白い網に包まれて、泳ぐでもなく浮かびあがるでもなく、まんなかあたりをふわふわと昇ったり沈んだりしている。そのようすを見ていると、小学校の理科の時間にした、卵を塩水に浮かべる実験を思い出す。水に溶かす塩の量を増やしていくと、あるとき卵はぽっかりと宙に浮かび、重力の法則を逃れてビーカーのなかを漂いはじめるのだ。卵のなかみと塩水の濃度がおなじになったからだと先生は説明したけれど、目の前の卵がまぼろしの物体になってしまったような、なんだか不思議な感じだった。いま目の前にいるマンボウも、巨大なくせに威圧感のまるでない、幽霊みたいな魚だ。

マンボウはわたしに気づいて、正面までやってくるとゆっくりと胸びれを動かしてホバリングしながら、じっとわたしを見つめている。うるんだ大きな目で、ひどく悲しそうに。目のまわりにだぶついている白っぽくふやけた皮膚が、中央の瞳に向かってじんわり伸びては、またもと通りに縮んでいく。まるい口をひらいたりすぼめたりして、なにかを一生懸命訴えかけてくる。マンボウを見るのははじめてなのに、それはどこかで見た光景だ。海洋ものの怪奇映画の一シーン。海の底でダイバーがライトを手に沈没船を調査している。船窓の内部を照らし出すと、突然ガラスの向こうに溺死人の顔が浮かびあがる。まぶたの溶けた目をむき出し、黒い口をぽっかりあけて、自分がもう死んでいるとも知らずに、必死で助けを求めている。助ケテクレ、ココカラ出シテクレ……。マンボウの顔はちょうどそんな感じ。そしてそれはほとんど顔だけの魚だ。

「お嬢さん、マンボウに興味があるんですか？」

飼育係らしい初老の男の人が話しかけてくる。こんなふうにわたしは知らない男の人によく話しかけられる。道ばたや、公園や、電車のロマンスシートとかで。浮浪者みたいな人だったり、きちんとした紳士だったりと、服装はいろいろだけれど、みんな年取ってくたびれた男たちだ。

「あのう、どうしてネットに入れてるんですか」

「こうしておかないと、水槽のガラスにやみくもにぶつかっていって口を傷つけてしまうんですよ」

たしかにマンボウといえばかわいらしいおちょぼ口のイメージなのに、目の前の口はすりきれてぺしゃんこで、肉の色も白っぽい。それをネットに繰り返しこすりつけている。

「どうしてぶつかっていくんですか。狭いところから出たいんでしょうか」

「さあね、たんに方向転換がへたなんじゃないかな、もともと広く回遊する魚だしね」

「頭が大きすぎるせいかもしれませんね」

「そうだね。英語の名前がヘッドフィッシュっていうくらいだから。よく『尾かしらつき』っていうけどさ、ほんと、尾っぽと頭だけの魚だよねえ」

おじさんはわたしと話せてうれしそうだ。だんだんことば使いがぞんざいになっている。

「マンボウにはいろいろ変わったところがあってねえ。ほら、わかるかな、まぶたがあるの。魚では珍しいんだよ」

「ああ、これって、まぶただったんですね」

人間のまぶたは、お芝居の幕みたいに上から降りてきて、現実と夢とを切り換えてくれるけれど、マンボウのはそうじゃない。瞳を半分くらい覆ったところで、ずるずると目のふちへと後退してしまう。ちゃんと目を閉じて夢の世界に浸りきることが、マンボウにはできない。夢のなかのマンボウは、頭に釣りあった立派な胴体と尾びれをもっていて、こんなちゃちな水槽にははいりきらない。ジンベエザメをもしのぐ七つの海最大の魚として、悠々と大洋を泳ぎまわっているはずなのに。

「このマンボウは子供のときに海で捕獲されたんだけどね、それ以来おじさんがずっと世話してるから、まあ育ての親みたいなもんだね。とにかくかわいいよ。のんびりして、見てて癒されるっていうかさ、そんな感じでしょう」

おじさんは上機嫌で話しつづける。

おじさんたちはなぜわたしに心を許すのだろう。行きずりのわたしにながながと昔の思い出話をしたり、アイスクリームをおごってくれたりする。それはわたしが横暴な父親をもっていたせいかもしれない。父は昔から、母やわたしに気に入らないことがあると、すぐに声を荒げたり暴力をふるったりした。原因はそのときによってまちまちで、いつ怒り出すかわからないので、しぜんわたしは父の前では自分の気配をできるだけ消して、ほほえみを絶やさないようにする癖がついた。そういう態度がいちばん父を刺激しないですむと学んだからだ。くたびれた男たちはわたしを見て、けっして自分が拒絶されることはない、と直感するのだろう。おっとりした育ちのいいお嬢さん、いまどき珍しいですね、と言われることもある。それはまさしく父がわたしに求めつづけた姿だ。

「あと、ときどき水面にぽっかり浮かびあがって日光浴したりするんだよ」

「それ、聞いたことあります。日光浴なんですか」

「たぶんね。皮膚についた寄生虫を駆除するためとか、いろんな説があって、なぜそんなことするのか、じつはよくわかってないんだけどね。魚っていうのは、死ぬといったん底に沈んで、それから浮かびあがってくるんだけど、マンボウみたいに生きてるくせに水面に浮かぶというのはとても珍しいんだよ。あと、葉っぱそっくりの姿で水に浮くコノハウオというのがいて、アマゾンの小さな川魚だけど、これは敵から身を守るための擬態だからね。マンボウのばあいは天敵もいないことだし、要するに気持ちがいいからやってるとしか思えないね。けっこうな身分だよ。あくせく働いてるおじさんとちがって」

そういうおじさんは、けっしてあくせく働いているようには見えない。父も会社では閑職に追いやられていたらしかった。会社から帰ると、酒を飲み、口のききかたが悪いと言って母やわたしを殴った。おれの苦労も知らないで、誰のために働いていると思っている、と怒鳴った。だがいつもいつもそうではなかった。機嫌のいいときはわたしをかまいたがり、いろいろと説教めいた話をし、いとおしくてたまらない、というようにわたしの髪や頬を撫で、ときにはからだに触れてくることもあった。母は見て見ぬふりをしていた。父の指が近づいてくると、全身が硬直した。父の指に触れられた皮膚の表面は固くなり、感覚を失った。そのときそこに針を刺されたとしても、わたしは痛みを感じなかっただろう。

マンボウはあいかわらずふらふらとからだを左右に揺すりながら、わたしの前を離れようとしない。わたしもマンボウの顔から目を離すことができない。天敵のいない生きもの

マンボウ［写真提供：海遊館（「ケルプの森」水槽）］

が、こんな目をしているはずはない、と思う。おじさんは毎日世話をしていながら、マンボウの大きな瞳に浮かんだ恐怖の色に気づくことはない。

父がからだに触れてくるときには前触れがあった。かならず直前の数秒間、愛情をこめてわたしの顔をじっと見つめるのだ。わたしは凍りつき、その場を動けなくなる。嫌悪の表情に気づいた父がいまにも殴りつけてくるのではないか、と怖くなるが、そのときの父はけっしてわたしの反応に気づかない。見つめる父の目に、白っぽい膜がかかっているのをわたしは見る。それは鏡の裏箔のように父の目の表面を覆い、わたしという現実の対象を遮断して、父自身のなかにあるわたしのイメージを映し出す。

父は二年前に肝臓ガンで亡くなった。ガンが見つかったときにはすでに手遅れの状態で、入院から死まではあっけなかった。母は父に多額の生命保険を掛けていたので、わたしたちが生活に困ることはない。わたしは大学に進学することができたし、わたしたちは表面上は平穏に暮らしている。わたしたちは父のことをめったに話さない。

泳ぐ巨大な生首、マンボウを見てわたしはそう思う。首を切り落とされた魚。胴体はすぐにほかの魚たちに食べられてしまったけれど、頭だけはこうやって、生とも死ともつかないほのぐらい中空をさまよっている。長いあいだぷかぷか海面を漂っているうちに、切り口から短いひれが生えてきて、上下に残った背びれと腹びれの切れはしといっしょに動きはじめ、どうにかまた泳ぐことができるようになった。だからあんなふうに不器用で、溺れかけの魚のように浮きあがったり沈んだり、水族館では水槽の縁にぶつかってばかりいる。

わたしは男の人を好きになったことがない。これからもたぶんないと思う。親しくなりかけた人はいままでに何人かいる。でも男の人がわたしを見つめて、その目に薄い膜がかかるのに気づいたとたん、すべては終わる。世の中には無抵抗の赤ん坊や幼児をなぶり殺しにする親もいるのだから、わたしはまだ幸運だったと考えるべきなのだろう。でもある意味では、わたしももう死んでいるのかもしれない。

マンボウの首を過去に切り落としたのは、マンボウを創った神様にちがいない。なにかを破壊する権利があるのは、そのなにかをこの世に生み出した存在だけだ。傲慢さへの戒めであったり、不服従への罰であったりと、理由はいくらでもつけることができる。旧約聖書は創造主のそうしたふるまいの記述に満ちている。

足を切断された人は、なくなったはずの足の痛みに苦しむものらしい。マンボウもまぼろしの巨大な胴体を背負って、生と死、夢とうつつの敷居を行ったりきたりして暮らしている。不完全ながらまぶたを閉じているときには、昔の姿に立ちかえり、首のうしろに胴体を支えてまっすぐに身を保つ。だが短い夢から覚めると、背後の空虚に不意を突かれてよろめき、ひれを動かしてどうにかバランスを取ろうとする。ときどき海面にぽっかり浮かびあがるのは、日光浴なんかじゃない。幽霊が自分の死の現場を繰り返し訪れるように、マンボウはそうすることでかつて自分の身に起こったことを反芻せずにはいられないのだ。現実の存在からは逃れることができても、記憶から逃れることはだれにもできない。

わたしはおじさんに軽く会釈して、水槽の前を離れる。おじさんはまだ話したそうで、名残り惜しげに見送っている。そしてマンボウも遠ざかっていくわたしを見つめている。おじさんとはたぶんこれきりだろうけど、マンボウはじきに夢のなかにまでわたしを追いかけてくるだろう。わたしにはそれがわかる。わたしたちが同類だということは、ひと目見たときからおたがいにわかっていたのだ。それに、水と夢はいつだってつながっているのだから。

あとがき

「キャットフィッシュ」に登場する青年の、「小窓越しに精緻なつくりの冷たい生きものに対面したときのどきどきした気持ち」を、わたし自身ものごころついて以来、いくど味わったことでしょう。水族館は、お化け屋敷やサーカス小屋、最新設備のテーマパークよりも、はるかに胸ときめかせる不思議の館でした。小学生のころにはすっかり魚に取り憑かれ、近所の小川で捕ってきたメダカをガラス壜で飼い、死んだら綿を敷いたマッチ箱に入れ、母の香水をふりかけて宝物にしたものです。

わたしの心を虜にしてきた美しい、そして醜い魚たち、人間の欲望を肌や姿に刻まれた鑑賞魚たち、海獣にクラゲたち、雑多な水の生きものをあつめて、自分だけの水族館をつくってみました。生きものたちはアイウエオ順に並んでいますが、これはあくまで仮の順路、入館者はどの水槽から覗いてみてもいいのです。

この本のために、すばらしい写真を提供してくださった海遊館と鳥羽水族館に、深くお礼申し上げます。両水族館で出会った生きものたちをモチーフにして、多くの掌編が生まれました。海遊館広報課の西村早苗さんと、同館の翻訳者で古い友人である佐藤晶子さんには、とりわけお世話になりました。おふたりがいらっしゃらなければ、そもそもこの本を構想することはなかったでしょう。

最後になりましたが、萌書房の白石徳浩さん、ありがとうございました。二人三脚の本づくりは、ほんとうに楽しかった！　文章を書くのは孤独な作業ですが、それを本という形にするにあたっては、さまざまの人の力が必要だというあたりまえのことを学べたのが、わたしにはなによりも貴重な体験でした。あとはひとりでも多くの方が、このささやかな水族館を訪れてくださることを願うばかりです。

二〇〇五年十二月二十四日

和田ゆりえ

ご協力いただいた水族館（50音順）

海　遊　館（かいゆうかん）

1990年開業。「リング・オブ・ファイア」（環太平洋火山帯），「リング・オブ・ライフ」（環太平洋生命帯）をコンセプトに，太平洋の10地域の自然環境を，ジンベエザメの展示で知られる世界最大級の「太平洋」水槽（容量5,400トン）をはじめ14の水槽で再現。魚の通り抜け「アクアゲート」や「ふあふあクラゲ館」なども含め，約580種30,000点もの動植物を飼育展示。生命の尊さや地球環境の大切さを訴える。

大阪市港区海岸通 1-1-10（大阪市営地下鉄中央線「大阪港」駅下車）

鳥羽水族館（とばすいぞくかん）

1955年開館，2004年には延べ入館者数5,000万人を達成。「古代の海」「森の水辺」など12のテーマでゾーン分けされ，約850種20,000点の海や川の生きものを，順路を気にすることなく自由に観察・観覧できるのが特徴。通路全長約1.5 km の室内型としては世界屈指の巨大水族館。イルカやアシカなど海獣類も多く，また伝説の人魚ジュゴンの長期飼育をはじめ，学術研究にも努めている。

三重県鳥羽市鳥羽 3-3-6（近鉄鳥羽線「鳥羽」駅下車）

▒著者略歴

和田ゆりえ（わだ　ゆりえ）

京都市生まれ

北海道大学文学部哲学科卒業。関西大学大学院文学研究科博士課程（フランス文学）修了

現在，関西大学講師（フランス語）

小説作品

「光への供物」（『文学界』2001年４月号，同年第125回芥川賞候補），「鏡の森」（『文学界』2002年12月号，2003年128回芥川賞候補）ほか

翻訳（共訳）

ディディ＝ユベルマン『アウラ・ヒステリカ――パリ精神病院の写真図像集』（リブロポート，1990年），『世紀末の政治 TRAVERSE6』（リブロポート，1992年），ヤニク・リーパ『女性と狂気――十九世紀フランスの逸脱者たち』（平凡社，1993年），ほか

幻想水族館

2006年４月10日　初版第１刷発行

著　者　和田ゆりえ

発行者　白 石 徳 浩

発行所　萌《きざす》 書 房

〒630-1242　奈良市大柳生町3619-1

TEL（0742）93-2234 / FAX 93-2235

［URL］http://www3.kcn.ne.jp/~kizasu-s

振替　00940-7-53629

印刷・製本　共同印刷工業・藤沢製本

ISBN4-86065-019-0